心理学入门

妙趣横生的50个心理学效应

明道 著

西苑出版社
XIYUAN PUBLISHING HOUSE
·北京·

图书在版编目（CIP）数据

心理学入门：妙趣横生的 50 个心理学效应 / 明道著
. -- 北京 : 西苑出版社 , 2020.8（2023.9 重印）
ISBN 978-7-5151-0746-2

Ⅰ . ①心… Ⅱ . ①明… Ⅲ . ①心理学－通俗读物
Ⅳ . ① B84-49

中国版本图书馆 CIP 数据核字 (2020) 第 097803 号

心理学入门：妙趣横生的 50 个心理学效应

XINLIXUE RUMEN:MIAOQUHENGSHENG DE 50 GE XINLIXUE XIAOYING

责任编辑　汪昊宇　刘　崴
封面设计　末末美书
出版发行　西苑出版社 XIYUAN PUBLISHING HOUSE
地　　址　北京市朝阳区和平街 11 区 37 号楼 邮政编码：100013
电　　话　010-88636419
印　　刷　三河市嘉科万达彩色印刷有限公司
经　　销　全国各地新华书店
开　　本　710mm×1000mm　1/16
字　　数　196 千字
印　　张　13.25
版　　次　2020 年 8 月第 1 版
印　　次　2023 年 9 月第 4 次印刷
书　　号　ISBN 978-7-5151-0746-2
定　　价　42.00 元

前　言

在我们的日常生活中，总是会出现很多与心理学有关的现象，比如，我们看到一个老年人，就会很自然地觉得他一定是稳重且保守的，这其实是定型效应在影响着我们；算命的时候，虽然算命先生只是说了一些非常笼统的话，但是我们会觉得他说得很准，其实如果你了解心理学，就会知道自己之所以觉得算命先生说得准，是巴纳姆效应在发生作用；你会发现生活中自控力越强的人，所取得的成就也越大，这就是心理学上的糖果效应；你总是不自觉地把自己身上的一点儿小问题无限放大，这是聚光灯效应搞的鬼；等等。

总之，心理学是一门非常有趣的学问，而且与我们的生活息息相关，每个人都应该读一点儿心理学，并不是只有心理咨询师和学习心理学专业的学生才能读。了解一点儿心理学知识有助于我们了解这个世界，这对我们的人际交往、日常生活以及身心健康都会有很大的帮助，它可以帮助我们解答生活中遇到的与心理有关的问题，比如，如何认知自己、如何面对挫折、如何更好地与人交往、如何让自己过得更幸福。

不过，因为心理学的范围很广，涉及的内容又多，没办法一一尽述。所以经过一番权衡后我们选择了一条较为便捷的道路，那就是给大家介绍一些与我们的生活关系密切的心理学效应，这些心理学效应反映的都是生活中比较常见的心理学现象和规律。

了解、掌握并熟练运用这些心理学效应，对我们的日常生活和工作都会有不小的帮助。为了能让大家较为容易地理解、掌握并运用这些心理学效应，我对每一个效应都进行了详细的解释，梳理了它的含义、来源及其与社会生活的联系，希望能对读者有所帮助。

目　录

第一章　帮你认清自己的心理学效应

第二章　帮你建立良好人际关系的心理学效应

第三章 帮你获得成功的心理学效应

第四章 帮你获得幸福的心理学效应

第一章

帮你认清自己的心理学效应

巴纳姆效应——认识真正的自己

【心理学词典】

巴纳姆效应也被称为“福勒效应”，它是心理学家伯特伦·福勒于1948年通过实验证明的一种心理现象，主要内容是：人们通常会认为那种一般性的、较为笼统的人格描述能够非常准确地将自己的特点揭示出来，而且当人们用一些含义广泛、模糊不清的形容词去对一个人进行描述的时候，对方很容易接受这些描述，认为人们说的就是自己。

巴纳姆是一名魔术师，有一次他在对自己的表演进行评价时说，他的节目之所以受欢迎，是因为节目中包含了所有人都喜欢的成分。

由于巴纳姆的话和该效应的主要内容是相似的，所以在20世纪50年代，心理学家保罗·米尔就以巴纳姆的名字将福勒通过实验揭示的现象命名为“巴纳姆效应”。

【心理学实验】

1948年，心理学家福勒对学生进行了一项人格测验，具体内容是，每个学生都得到一段“人格分析”，他让学生根据“人格分析”与自身特质的契合程度来评分，0分是最低的，5分是最高的，而事实上每个学生得到的“人格分析”都是相同的一段话：

“你祈求受到他人喜爱，却对自己吹毛求疵。虽然你的人格有一些缺陷，但大体而言你都有办法弥补。你拥有可观的未开发潜能，尚未就你的长处进行发挥。看似强硬、严格自律的外在掩盖着不安与忧虑的内心。许多时候，你会严重质疑自己是否做了对的事情或决定。你喜欢一定程度的变动并在受限时感到不满。你为自己是独立思考者而自豪，并且不会接受没有充分证据的言论。但你认为对他人过度坦率是不明智的。有些时候你外向、亲和、富有社会性，但有些时候你却内向、谨慎而沉默，你的一些抱负是不切实际的。”

结果这些学生的平均评分是 4.26，这已经是一个很高的分数了，而随后福勒却告诉大家，这段“人格分析”是他从星座与人格关系的描述中节选出来的。而从“人格分析”的描述中可以看出，其中有很多话都适用于任何人，因为它讲得比较宽泛，而且含义模糊。

在关于巴纳姆效应的另一个实验中，参加实验的学生用的是明尼苏达多项人格问卷。测验结束后，研究人员对每个学生的报告做出评估，他们先写下对学生个性的正确评估，但是给了学生两份评估报告，其中一份是正确的，一份是伪造的，全都是语言模糊、泛泛而谈的评估。

随后，研究人员问学生们觉得哪一份评估最能够契合其自身的特质或是性格特征，结果有 59% 的学生选择了那份伪造的评估报告。

【心理学与生活】

通过巴纳姆效应的定义和相关实验，我们可以得出这样的结论：其实我们很难了解真实的自己，很难对自己所处的环境做出正确的判断。而且我们在日常生活中很容易受到外界的影响或暗示，它们让我们的自我认知出现偏差，从而无法做出正确的判断。

很多朋友都有算命的经历，而很多人在看了算命先生的描述后都会觉得他们算得很准。其实，这一方面是因为去算命的人本身就很容易接受暗示；另一方面是“主观验证”在发生作用，也就是说如果我们想要相信一件事，就一定能找到各种证据来支持自己。再加上算命先生比较善于揣摩人的内心想法，其描述又比较笼统、含糊，这个时候我们自然就会对其描述的内容深信不疑。

不能正确地认知自己，容易被外界暗示或干扰，无法做出正确判断，这是巴纳姆效应带给我们的负面影响。不过我们如果能对其巧妙利用，也能把坏事变成好事。

比如，我们在和别人聊天，尤其是和心仪的异性聊天时，如果想让对方觉得我们善解人意，那就要对巴纳姆效应好好加以利用。

如果对方是双子座的，我们可以说：“那你一定有多重人格吧？”其实这句话完全是废话，就算不是双子座的人，也可能是有多重人格的。其实想想，又有谁的人格只有一面呢？不过虽然这是一句废话，可在对方听来却觉得我们非常了解他，因为对方在我们进行描述的时候，一定会在大脑中搜索那些可以印证多重人格的事例，而且只要他愿意去找，就一定可以找到。

如果我们遇到一个天蝎座的人，我们应该说：“天蝎座的人一定很记仇吧？”这样的话也不会错，因为除非一个人失忆了，否则心里肯定会记住一些“仇恨”。所以当对方听到我们这样说的时候，就会觉得我们了解他，认为我们善解人意。

再比如，如果我们遇到一个年轻人，可以这样告诉他：“虽然你已经很努力了，也有明确的目标，但仍然有很多时候都是非常迷茫的，你不知道自己的选择究竟是对还是错。”这样的话让一个年轻人听了，他绝对会把你当成知己。

如果我们面对的是一个学生，那我们可以这么说：“其实你们不是不懂事，只是比较有自己的想法而已。”这样说，学生一定会把你当成朋友。

所以，巴纳姆效应真是威力无穷，不管是什么层次、什么年龄的人，都适用于巴纳姆效应。你如果平时能多留心，在沟通的时候就能迅速地拉近自己与他人的距离。

巴纳姆效应的消极影响和积极影响我们都讲了，最后我们来了解一下如何避免巴纳姆效应带给我们的消极影响，从而认识真正的自己。

1. 要学会正确看待自己

对自己的优点和缺点要正确地看待，不可以自欺欺人。生活中总是有很多人刻意地放大自己的优点，缩小自己的缺点，甚至是忽视、不承认自己的缺点。还有的人总是拿自己的缺点和别人的优点比，又或者拿自己的优点与别人的缺点比，这些都是没有正确看待自己的表现。不要去掩盖什么，要尊重客观事实，不然最终吃亏的只能是自己。

2. 要做到以人为镜，通过与身边人做比较来认识自己

“以人为镜”这个概念最早出自《墨子》，意思是要将别人的成败得失作为自己的借鉴，唐太宗便将魏徵作为匡正自己得失的“镜子”。而要想做到以人为镜，选择一个怎样的对象去做比较是头等重要的。我们不能选不如自己的人去做比较，因为在心理上我们会轻视对方，觉得既然对方都不如自己，自己又有什么可以向他学习的呢？同样地，我们也不能拿自己的缺点与别人的优点比，那样只会让我们更加没有信心。

正确的做法是根据自己的实际情况，选择一个与自己条件相当的人进行比较。只有这样才具有可比性，才能让我们在所处的群体中找到一个合适的位置，得出的结论才会比较客观。

3. 通过重大事件，特别是重大的失败或者成功去认识自己

从重大事件中所获得的经验和教训可以提供了解自己能力、个性的信息，可以从中发现自己的长处和不足，比如，创业失败，遭遇灾难，获得大奖，考上名牌大学，等等。我们可以从这些事件中观察自

己、认识自己。

当一个人处于成功的巅峰或者失败的低谷中时，其状态最能反映出一个人的真实性格，因为在这个时候我们的表现是最真实的，是不会进行掩饰的，而平时我们的状态或多或少都有表演的痕迹。

4. 要积极培养收集信息的能力和敏锐的判断力

很少有人天生就有明智和审慎的判断力，所以大多数人要想拥有这样的能力，都必须进行后天的培养。实际上，我们所说的判断力是一种在收集、掌握了大量信息的基础上做出决策的能力，决策不是一拍脑袋就做出来的，信息对判断的支持作用是绝对不能忽视的。没有充分的信息收集，就很难做出正确的判断。

定型效应——不要被刻板印象影响

【心理学词典】

定型效应又被称为“刻板效应”“刻板印象”，具体是指我们受到社会的影响而对某些人、某些事或者某个群体所形成的固定不变的看法与评价。

它虽然可以帮助我们在一定范围内进行快速的判断，不需要费尽心思搜索信息、了解情况，但是可能会因此形成偏见。这是因为我们很容易忽略个体之间的差异，往往会将某个人或者某件事机械地看作某类人或某类事的代表，进而将对某类人或某类事的看法与评价当成对具体个人或事件的评价，从而影响我们做出正确的判断。

【心理学实验】

苏联社会心理学家包达列夫做过这样一个实验：

他把一个人的照片分别拿给两组人看，照片上的这个人有这样的特征：下巴向上翘，眼睛则深凹进去。而他向两组人介绍这个人的情况时所说的话是不一样的。他对A组人说，“这个人是个狡猾的罪犯”，可是对B组人说，“这个人是一位知识渊博的学者”，然后他让这两组人分别对照片上的这个人的特征做出评价。

结果A组人认为这个人眼睛深凹，正说明他狡猾、凶狠，而上翘的下巴则表明他顽固，不肯悔改；B 组人则认为这个人深凹的眼睛正表明他有着深邃的思想，而上翘的下巴则表示他对真理的执着探索。

为什么两组人对同一个人的面部特征会有完全不同的评价呢？包达列夫经过分析后认为，这主要是因为人们对社会上各种类型的人有着一定的已经成形的看法，所以当人们把这个人当作罪犯看待时，其大脑中对罪犯的固有印象就会影响人们的评价。同理，当人们把他当作学者看待时，那自然就会有积极的评价了，而且都是和脑海中对学者的印象挂钩的。

【心理学与生活】

刻板印象在很多时候都是一种偏见，而且我们不仅会对所接触过的人产生刻板印象，还会根据一些并不是百分之百真实的间接材料对那些从来没有接触过的人产生刻板印象，比如，认为年轻人大多数是容易冲动的，而老年人普遍是稳重、保守的，而且平常遇到老年人的时候会很自然地对其表现出尊敬。我们还会认为北方人都是豪爽的，而南方人都善于做生意；认为男人总是具有较强的独立性和竞争性，而女性则通常比较容易依赖他人；等等。

其实，这样的看法都是我们大脑中形成的固定、刻板的印象，刻板效应会让我们在认识某人时先将他的一些特征归为某类成员，然后再把属于这类成员的一些典型特征归属到他身上，以此为根据去认识他，这样一来比较“省力”，但就很容易造成偏见。之所以会产生这种偏见，主要有以下原因。

一方面，人们的思维规律都是从个别到一般，再从一般到个别的。如果我们在没有充分掌握某类人全面的感性材料时就对其进行概括，那么大脑中所形成的印象往往是不符合这类人的实际特征的。而根据这种印象对人进行判断与评价，又不去考虑个人的具体生活环境，自然就会产生错误的刻板印象。

另一方面，我们在日常交往中根本不可能对某个群体或者某类别中的每一位成员都进行全面的了解，所以只能由个体去推知整体了，这也是非常无奈的事。

刻板印象一经形成就很难改变，而且还会对我们的日常生活产生非常大的影响。网上曾有一道非常有意思的测试题，题目是这样的：

某地的一位公安局局长在路边和一个人聊天，这时候跑过来一个小孩，很着急地对局长说："你爸爸和我爸爸吵起来了！"这时旁边这个人就问："这孩子是您什么人？"局长说："这是我儿子。"

问题：你知道那两个吵架的人和公安局局长是什么关系吗？

就这样一道简单的测试题，在参加测试的100个人中居然只有两个人答对了，而且还都是孩子。这道题的答案是：局长是女的，吵架的一个是局长的爸爸，也就是孩子的外公；另一个是局长的老公，也就是孩子的爸爸。

看到这里我们不禁要问，为什么这么简单的问题有那么多成年人答不对，而孩子却答对了呢？这是因为在成年人的固定印象中，公安局局长就应该是男的，从局长是男性这条线索去推理的话，自然没办法得到正确答案；而孩子脑中却没有成年人那样的刻板印象，所以自然就能找到正确答案。

再比如，网上曾有这样一个笑话：

如果你面前站着一个满腔怒火的重庆妹子，而后边是悬崖，那么这个时候你最好还是狠心跳下悬崖吧，因为面对发怒的重庆妹子要比跳悬崖更可怕。

其实这个笑话说的是重庆妹子泼辣，因为只要一提到重庆妹子，人们首先想到的就是“泼辣”这两个字。同样地，我们也经常听人说东北姑娘是“宁可饿着，也要靓着”，还有“长沙妹子不可交，面如桃花心似刀”，等等，这些都是刻板效应的表现。

在现实生活中，市场咨询公司在对入户访问的员工进行招聘时，通常都喜欢招女性，而不喜欢招男性。因为在大家的脑海中女性是比较善良的，而且具有亲和力，没有攻击性，其本身的力量也比较弱，所以不会对他人造成实际的威胁；而如果是男性，其入户访问的要求通常会被拒绝，因为男性很容易让人联想到一些和攻击、暴力有关的事情，从而让人增强戒备。尽管大家清楚并不是所有的男人都具有攻击性、都会做坏事，但还是会拒绝他们入户的要求，可见刻板效应对我们的日常生活影响到底有多大。

刻板印象的力量非常强大，它会让我们在日常的学习与工作中不断地重复一些相似的行为方式和思维方式，并由此产生思想上的惯性；会让我们不自觉地依靠过去的经验，按照固定的思路去考虑问题、解决问题，而不愿意换个角度思考问题。

刻板效应有其积极作用，也有其消极作用。积极作用是可以让我们的认知过程得到简化，有助于我们快速地做出判断，让人们在沟通中的适应性得到增强。而它所产生的消极作用要远远大于积极作用，它会阻碍我们对某类人新特征的了解，会让我们的思维变得僵化。一旦形成了错误的刻板印象，我们就会用这种印象去衡量一切，从而造成认知方面的巨大偏差，犯下错误，导致人际交往活动的失败。

所以，我们必须在实际生活与工作中自觉地克服刻板效应带给我们的消极影响，要全面地、正确地认知周围的人和事，最大限度地减少判断的失误。

克服刻板效应消极影响的具体方法如下。

1. 摆脱原来的思维习惯，用新的思维和眼光去看待问题、解决问题。要想摆脱已经成形的思维习惯是非常不容易的，必须有巨大的决心和勇气，付出不懈的努力才能做到，因为这确实是一件非常痛苦的事。

2. 要善于用亲眼所见的事实或者亲身的经历去校正那些“偏听之词”，有意识地寻找与大脑中的刻板印象不一样的信息。

3. 换个角度思考，就像小时候的司马光那样，并没有费劲地把人从水缸里拉出来，而是直接把水缸给砸了。这样的思维方式异于常人的思维，但又是最快、最有效的。

4. 要深入某个群体，对其成员进行广泛的了解，并且要重点与群体中具有代表性的成员进行沟通。不断地拿原来刻板印象中的信息与实际的信息进行对比，最终克服刻板印象的消极影响，得到正确的认知。

聚光灯效应——不要把自己的问题放大

【心理学词典】

聚光灯效应是心理学家季洛维奇与佐夫斯基在1999年共同提出的心理学概念，具体是指我们总是会在不经意间将自己身上的问题放大。在出丑的时候我们会觉得有人在关注着自己，其实别人可能当时会注意，但很快就忘了，因为没有人会像我们自己那样关注自己。

【心理学实验】

美国心理学家季洛维奇做过这样一个有意思的实验：

他在康奈尔大学随机找了一个学生，然后让他穿上一件看上去非常怪异的T恤衫在教室里出现。过了一周，他针对此事专门做了一次调查，结果只有23%的人注意过这件事，大部分人对这件事都是不在意的，或者根本就没关注过。

此后，季洛维奇又做了进一步的实验，这一次他让被随机抽中的学生穿上了印有诸如“马丁·路德·金投降”字样的T恤衫，同样让他们在校园或教室中出现。这一次参与实验的学生认为有50%的人注意到了他们的T恤衫，可事实上只有10%的人注意到了。

【心理学与生活】

在日常生活中，很多人都有过这样的经历：为了参加一场活动，出门之前精心打扮了一番，甚至还改变了发型，穿了一件自己觉得很漂亮的衣服，心想这下肯定会有很多人注意自己。可谁知道这一天好像都没有人在意自己，也没有人称赞自己的发型和衣服，甚至连关系亲密的人都没有注意到自己今天的变化，这个时候我们心里难免会有些失落。

某天我们起得比较晚，一看快迟到了，于是随便一收拾就出门了。结果越忙越容易出错，不是脸忘了洗，就是没穿对衣服，或者没有时间化妆，总之自己觉得自己看起来非常别扭或者很丑，担心别人嘲笑自己。而且走在大街上别人笑着看自己一眼，就会很难受，觉得别人这是在嘲笑自己，其实我们的这种担心真的是多余的，根本没有几个人会注意到我们。

在饭店吃饭，当我们一不小心将杯子掉在地上，又或者将菜掉在裤子上时，我们会紧张地左看右看，因为我们觉得这时候很多人都看到了自己的行为，很多人都会嘲笑自己。其实根本没有人嘲笑我们，大家该干啥干啥，完全不是我们想的那样。

我们之所以会高估别人对我们的关注程度，在意自己给别人留下怎样的印象，是因为聚光灯效应在发生作用。

事实上，在生活中的很多方面我们都会遭遇聚光灯效应，比如，担心自己的外表不够完美，会让他人反感；担心自己身上的疤痕会被人嘲笑；担心自己的能力不足，觉得自己没有能力做成大事，进而变得自卑、焦虑，而这一切其实都源于我们内心对自我的不接纳。

聚光灯效应还会对企业的经营造成影响，受到聚光灯效应影响的企业很有可能会设定一个远远超出自己能力的经营目标，从而在无意中有了一个不切实际的期望，而这个期望的落空会让团队成员的情绪变得沮丧。

由于我们在某些场合对自己的外表和行为过分注意，从而导致我们变得紧张、胆怯，一举一动都谨小慎微。所以我们经常会看到有的人在开会的时候因过分紧张而忘记自己要说什么，在办公室的时候总是捂着嘴打电话，在公共场合不敢大声说话，晚上会因为焦虑而睡不着觉，等等。

那么，我们该如何摆脱聚光灯效应带来的负面影响呢？

1. 别把自己太当回事儿

事实上，就算在某个公共场合，比如，聚会、演讲中出了丑，也没必要太当回事儿，不信你可以去问问同学、朋友，看看还有多少人记得你当年的糗事。其实大多数人对此只会有一个大概的印象，并不会记住细节。此外，就算我们自己没法儿忘记那些让自己出丑的事，也要记住，这些丑事对自己并没多大的影响。

2. 给自己戴上“人格面具”

我们一旦戴上了“人格面具”，就可以改变自己在社会中扮演的角色，比如，在舞台上时我们可能是个激情四射的歌手，而在聚会时我们会变得一言不发。如果我们也想拥有“人格面具”，最常用的训练方式就是对着镜子做演讲，因为演讲的本质就是“表演”，这样才能随时切换角色，给自己戴上“人格面具”。

3. 将自己置于弱化自我意识的环境中

沉浸在一项活动中，比如，电子游戏或者特定的冥想训练都可以让自己进入“忘我”境界，这样做可以减少自身的偏见，增强同情心。

4. 要学会弱化自身的缺点并放大优点

对那些已经客观存在的事实，如腿上的疤痕，我们要坦然面对。虽然这些无法被改变，但是我们可以努力提升自己的能力，也可以让心灵得到净化，不断地丰富自己，提高人格魅力。到那个时候，身上的那些“缺点”就会成为你坎坷生活中的一种磨砺。

5. 给自己心理暗示

在参加公共活动前，要把目的弄清楚，而且要尝试着给自己这样的心理暗示：“紧张是非常正常的事，别人肯定和我一样紧张。”

6. 调整呼吸节奏

如果我们太紧张，很有可能会出汗、心悸、视野狭窄。这个时候可以深呼吸几次，再配合心理暗示，这会让我们及时放松下来。

毛毛虫效应——不要盲目跟着习惯走

【心理学词典】

毛毛虫会习惯性地坚守原有的经验、习惯、本能或者先例，而没有办法改变尾随的习惯，调整觅食的方向。后来，心理学家将这种喜欢跟着前者的路线走的习惯称为“跟随者”习惯，而将因为盲目跟随他人最终导致失败的现象称为“毛毛虫效应”。

其实，自然界中许多比毛毛虫要高级很多的生物也被该效应影响着，其中较为典型的是鲦鱼。它个体比较弱小且过着群居生活，并以一个体魄强健者作为群体的首领。

科学家做过这样一个实验：将一群鲦鱼的“首领”脑后控制行为的那部分神经切除之后，这条鱼就彻底失去了自制力，行动也开始紊乱，可是其他鲦鱼仍然像从前那样跟随着它。

【心理学实验】

法国心理学家约翰·法伯做过一个著名的“毛毛虫实验”：

他在花盆的边缘放了很多毛毛虫，并让其首尾相连围成一圈，然后又在距离花盆不远的地方放了一些毛毛虫钟爱的松叶。

结果，毛毛虫开始一条跟着一条绕着花盆的边缘走，走了一圈又一圈，时间一分一秒地过去，一天、两天、三天，它们一直没有停下来，还是夜以继日地绕着花盆的边缘一圈圈地走，根本不理会不远处自己钟爱的松叶，直到第七天它们都因为饥饿相继死去。

约翰·法伯在做这个实验之前曾有这样的设想：毛毛虫很快就会厌倦根本没有任何意义的转圈，而转向去吃它们所钟爱的松叶。可非常遗憾的是，毛毛虫并没有这么做。

【心理学与生活】

看了这个实验后，相信很多人都会想到毛毛虫之所以会遭遇那样的悲剧，主要是因为它们固守着原有的经验、习惯，不做出改变，不会思考。其实如果一条毛毛虫能够改变尾随的习惯而独自去找吃的，那就能避免悲剧发生，可惜没有出现这样的情况。

我们在现实生活中也很难避免毛毛虫效应的影响，比如，有的人在工作时觉得只要把自己的工作做好就行了，别的事自然有领导操心，领导总是正确的。因此，他们总是坚定地跟随着领导的脚步，对的要执行，错的也要执行，一点儿主见也没有。一旦企业发生大的变动，他们就会不知所措，不知道该如何应对。

有的人平时总是埋头苦干，坚信一份耕耘就会有一份收获，可是从毛毛虫的悲剧中我们却得出了这样的结论：当你走在一条错误的道路上时，不管多少耕耘或努力都无法换来收获，因为一开始你就错了。所以，在平常的工作中一定要多思考，要有自己的想法，要努力寻找新的方向和思路，而不要老是跟在别人后边走，这样才能有更多的收获。此外，当我们的生活与工作遭遇挫折或陷入停顿时，要及时转变思路或另辟蹊径，不要像毛毛虫那样做无用功。

有的人干什么都愿意随大流，大家怎么做他就怎么做，就算明明知道一件事不对，也不会说出来，怕得罪人，更怕自己变成被枪打的“出头鸟”，所以才会明哲保身。这也是受到了毛毛虫效应的影响。

有的人在工作与生活中非常相信书上所说的理论，非常相信名人的经验，认为书上说的是前人总结的精髓，觉得名人的成功可以复制。结果却因为严重偏离了实际情况而撞得头破血流。

有的人则非常相信自己固有的经验，从而变得很固执，在遇到一些看起来“轻车熟路”的问题时，他们就会下意识地按照之前的经验去做，用既定的方式去思考，不用发展、变化的眼光去看待问题、解决问题。这样一来，他们就会形成一种强大的惯性，只要遇到问题就按照固定的思路去思考，不愿意换个角度想，结果就像那“守株待兔”的农夫一样一无所获。

不过，该效应对人类也会产生积极影响。那些固有的方法与思路相对来说具有一定的成熟性和稳定性，而按照已经成熟的方法与思路去做可以极大地缩短和简化解决问题的过程。很多事都不用费劲去摸索了，直接按照已有的方法去做就行，省时省力，能更加顺利、便捷地将问题解决。

可并不是所有的问题都适用同一套解决方法与思路，如果盲目地按照固有的经验和方法去解决一些看起来类似，但实质上完全不一样的问题，最终不仅白白浪费时间和精力，还会影响问题的解决，甚至还会牵扯出别的问题。

如果长年累月用一种思维方式去思考问题，用一套方法去解决问题，不仅会让人厌烦，还会导致我们大脑变得僵化，从而失去创新能力，影响潜力的发挥，这才是最致命的。

我们要想不断地创新，适应时代和社会的需要，就必须摆脱思维定式，通过新的角度和方法去思考问题、解决问题，这样才能另辟蹊径，有所进步。

那么，我们该如何避免毛毛虫效应给我们带来的消极影响呢？需要注意以下几点。

1. 对自己的思维方式进行分析

在我们想要按照特定的思路做事和借鉴已有的经验、方法之前，一定要弄清楚该思路、经验或方法是在哪一种具体情况下获得的。如果现在遇到的情况发生了改变，那就应将环境变量考虑进去，再决定是否采用它。

2. 积极培养创新精神

“创新”是一个大家经常会提到的词，可究竟什么是创新？创新就是在前人经验和特有经验的基础上，根据环境的不断变化而改变思维方式。创新与守旧之间只差了很小的一步，这一步就是我们是否能在环境发生变化时改变思路，走出一条新路。如果我们还是坚持以前的方法，那就很有可能像可怜的毛毛虫一样。

有一家生产牙膏的公司因为产品做得不错，所以很受消费者欢迎。最开始的几年，其销售额一直稳步上升。不过增长期过去后，牙膏的销售陷入了停滞。公司高层对这样的局面很不满意，于是总裁出面召集所有的经理开会，商讨对策。

会议上，一位年轻经理站出来，拿着一张纸对总裁说：“我在这张纸上写了一个不错的建议，不过如果您采纳了我的建议，必须给我10万元。”

总裁听了很生气地说：“公司每个月都给你开工资，而且还有不少额外奖励，现在让你出出主意，你居然还要10万元，不觉得过分吗？”

这时年轻经理说：“您先别生气，如果我的建议行不通，您完全可以丢了这张纸，一毛钱也不用给我。”

总裁听他说得有道理，就点头应允。然后拿过纸一看，看完之后他马上开了一张10万元的支票给年轻经理，还一直说“太值了”。而那张纸上只写着这样一句话：“将现有牙膏的开口扩大1毫米。”

会后，总裁马上下令生产部门按照这条建议去做，结果第二年该公司牙膏的销售额增长了 40%。

3. 了解自己

我们对自己所处的环境与状态一定要有清晰的认知，对自己的优点和缺点也要了解清楚，这是对固有经验和思维进行科学分析，开辟新思路的重要前提。

鸟笼效应——其实不需要那么多

【心理学词典】

鸟笼效应又被称为“鸟笼逻辑”，发现者是心理学家詹姆斯，具体内容是假如一个人买了一个鸟笼放在家里，可是没有养鸟，那么过了一段时间后，原本不养鸟的他一定会买来一只鸟放在鸟笼里，而不会将鸟笼扔掉。也就是说，人其实是被鸟笼“异化”了，从而成了鸟笼的俘虏。

由此引申出这样一条规律：人们在偶然获得一件原本并不需要的物品之后，会继续添置更多与之相关但并非必需的东西。

【心理学实验】

1907年，心理学家詹姆斯从哈佛大学退休，与他一起退休的还有他的好朋友——物理学家卡尔森。詹姆斯为了印证自己的一个想法，就和卡尔森打赌说自己要不了多久就会让他养上一只鸟，可是卡尔森明确表示不相信，因为他从来就没有养鸟的打算。

没过几天，卡尔森过生日，詹姆斯送给他一个非常漂亮的鸟笼，卡尔森当然知道他的用意，就说：“我只会把它当成一件漂亮的工艺品，你就别费这心思了。”

不过，事情的发展完全超出了卡尔森的预期，从此以后，只要有朋友到家里来拜访卡尔森，都会问上一句："教授，您养的鸟什么时候不幸死了？"卡尔森只好一次次地解释说自己从来没有养过鸟。然而，这个回答不但没能让来访的朋友们信服，反而换来了困惑和不解，因为大家都会想："你如果不养鸟，那干吗放一个鸟笼在家里，这不是很奇怪吗？"

终于有一天，卡尔森忍受不了每次都要解释的麻烦，就买了一只鸟放在鸟笼里。这是因为买一只鸟比每次都要解释为什么会有一个空鸟笼简单多了，詹姆斯的鸟笼效应就这样奏效了。

【心理学与生活】

心理学家认为，鸟笼效应会给人们造成一种心理压力，比如，我们得频繁地向别人解释为什么自己不养鸟但是却拥有一个鸟笼。这样的压力最终会让我们屈服，为了避免麻烦，我们会主动去买一只鸟，与鸟笼配套。

与该效应类似的效应还有两个，即空花瓶效应和配套效应。其中，空花瓶效应是说，男朋友送了女孩一束鲜花，女孩很高兴，特意买了一个水晶花瓶来放花。结果从此以后为了不让花瓶空着，男朋友必须每隔几天就送一束花给她，这让女孩觉得很幸福，认为花瓶真是买对了。

另一个配套效应也被称为"狄德罗效应"。狄德罗是法国著名的哲学家，有一次一个朋友送给他一件做工讲究、精美华丽的睡袍，他非常喜欢，每天都穿。结果没过几天他就觉得家里的地面非常粗糙，根本配不上他的新睡袍，于是第二天就换了张好地毯。可没过多久，他又觉得书柜和睡袍、地毯完全不搭，于是又换了书柜。就这样，狄德罗陷入了无尽的烦恼之中，开始不停地换东西，这时候他才发现自己是被一件睡袍"绑架"了。

看到这里，我们会发现这三个效应有一个共同点——配套。配套就是人们对事物的惯性看法，比如，当一个人的家里放了一只空烟灰缸时，别人就会认为这个人一定是抽烟的；当一个人家里放了一个书架时，别人就会认为主人一定是喜欢读书的，不喜欢读书，放一个书架在家里干什么呢？

这些都源自人们对事物形成的惯性认知，而当我们做出某些不符合人们惯性认知的事情时，就会受到周围人的质疑，人们会觉得我们做的事不可理解。这样一来，我们就会产生强大的心理压力，而这种压力会让我们想要摆脱压力源，选择从众，也就是说我们会被迫选择像大多数人习惯做的那样去做，不抽烟的你会买来烟放在家里，不看书的你会买来书放在书架上。

只有我们的行为符合人们的思维定式，符合大多数人的行为方式，才不会遭遇不理解和不信任，才不会被当作“异类”。所以从现实角度来说，鸟笼效应其实极大地限制了人们的想象力，也束缚了人们的创造力，很容易让人们形成守旧、刻板的思维定式。

有的朋友会说自己对事物之间的联系有着非常清醒的认知，比如，自己清醒地认识到婚姻是否幸福和房子是没有必然联系的，可就算这样，就能摆脱鸟笼效应的影响吗？不太可能，因为你周围的大部分人都深受鸟笼效应的影响，都觉得只有有了房子，婚姻才会幸福。这时候你就会变成“异类”，承受巨大的心理压力，最后你不得不屈服。

在现实生活中，鸟笼效应对我们的影响是方方面面的，而很多时候我们也会在心理上给自己制造一个大“鸟笼”，然后不断地用无用物填满这个“鸟笼”。

比如，我们在网上买了一件好看的衬衣后，发现自己的裤子或裙子和衬衣并不搭，于是又去买了裤子或裙子。然后又觉得高跟鞋的颜色和衬衣也不是很搭，就又买了高跟鞋。随后又买了包包，甚至还会买饰品，总之最后我们会发现自己其实在无形之中多花了很多钱，而这些东西是自己原本并不需要的。

再比如，当我们结束一天的工作要离开办公室时，却发现还有很多同事在加班，这个时候我们就会不自觉地留下来，尽管工作已经做完了。之所以会这样做，是因为在我们心里已经给自己预设了一个“鸟笼”，认为加班代表着勤奋工作，如果不加班就说明自己不够勤奋。所以，“没有加班代表不勤奋”就是我们给自己预设的“鸟笼”。

那么，我们该如何摆脱鸟笼效应带来的负面影响呢？

首先，要经常对自己潜意识中的“鸟笼”进行检视，具体方法如下。

1. 认真记录那些我们认为“理当如此、本来就应该这样”的想法，然后仔细分析这种想法是什么时候、在什么样的情况下产生的。

2. 要理性思考这种思维是否有效，有事实依据吗？

如果我们能做到上面说的这两点，就会破除很多被强行植入的“鸟笼效应”。比如，我们要思考向自己灌输“只有买了房子婚姻才会幸福”的人，是不是真的因为有了房子而变得幸福？如果没有变得幸福，那他就没有资格说这样的话。再者，我们要想想自己看到的那些因为房子而导致感情破裂的例子，是不是房地产商人为了卖房子而故意找人编出来的，这究竟是不是真实的？

其次，要明确他人制造的“鸟笼效应”背后的心理需求，分清人际界线。

当我们将自己身上的“鸟笼效应”破除之后，就要想办法避免受到别人的影响。比如，父母有希望子女婚姻幸福的需求，也有担心他们没有房子而流落街头的恐惧，所以他们才会把房子和子女的幸福联系在一起。因此，当我们了解了父母的心理需求后就绕过“鸟笼”，通过其他方法向父母表示自己的幸福不需要通过房子来维系。

任何一种心理效应都有两面性，就看我们怎么利用它，比如，某公司开发出来的大部分软件都是免费的，但是我们要想获得这些免费的软件，就得花钱购买它的媒体播放器、平板电脑、手机。这就是先给你一个免费的“鸟笼”，再让你花钱购买昂贵的“鸟”。

再比如，国内的一些旅游景点，一到节假日的时候就会推出免门票活动，目的就是吸引更多的游客前来消费。而所谓的免门票活动就是“鸟笼”，游客在景点里的其他消费，如就餐、住宿、交通、独立景点的费用等，就是不免费的“鸟”了。

商家之所以能够成功利用鸟笼效应赚钱，主要是人类普遍存在占便宜的心理，看到免费的东西当然想尝试一下。可是一旦尝试了，想放下就难了，比如，当我们习惯了某公司开发的软件之后，那不买该公司的产品所产生的那种煎熬会远远大于购买其产品所付出的成本。同样地，当我们被景区免门票活动吸引来到景区后，却发现虽然不要门票，但景区里吃的、用的、住的都很贵，这时候你会直接掉头回家吗？不会的，因为掉头回家这一决定是你不愿意接受的，但掉头回家所付出的成本要远远低于我们在景区里所花费的金钱成本。

投射效应——不是所有的人都和你一样

【心理学词典】

投射效应具体是指一种将自己的特点投射到他人身上的倾向。这是一种在认知和对他人形成固定的印象后，会觉得别人也和自己一样具有相似特性的现象。这时候，我们会将自己的特性、感情、意志投射到他人身上，并且还会强加于人。这其实就是一种推己及人的认知障碍，比如，一个狭隘的人会觉得别人也是狭隘的，一个善良的人会觉得别人也是善良的。

所以，我们并不会按照被观察者的真实情况来处世。当我们与自己的观察对象非常相像时，判断就会很准，但这并不是因为我们的观察准确，而是因为我们与观察者是相似的。可见，投射效应是一种严重的认知心理偏差。

【心理学实验】

某位心理学家做过一个关于投射效应的实验：

他问参加实验的 80 名学生有谁愿意背着一块大牌子在学校里来回走动，结果有 48 名学生表示愿意，而且他们还认为大部分学生都是愿意背的。而那些不愿意背牌子的学生则普遍认为一定只有很少的学生愿意背牌子，由此可见他们都将自己的态度投射到了别的学生身上。

【心理学与生活】

投射效应从我们儿童时期就有了，处在自我中心时期的孩子会觉得别人和自己的感觉是一样的，这就是同化投射。同化投射有可能产生于意识层，也有可能产生于潜意识层，而类似的同化投射现象在成人中也会经常发生。它是同理心和同情心的反面，是指人们不从他人的角度，而是从自身的角度去认知并且推测他人，认为他人与自己有相同的感觉。

此外，投射效应还反映出最真实的人性，我们每个人的心里都认为自己的想法永远是对的，对于任何与自己的想法与理念相悖的人和事，我们都会认为是错的，甚至会对其进行毫不留情地嘲讽和攻击，会不惜一切代价去证明别人的错误，以维护自己的正确性。

通常来说，投射效应有以下几种表现。

1. 愿望投射

简单来说，就是将自己的主观愿望强加给对方的投射现象，比如，一位男士自我感觉良好，他希望并且相信他刚认识的女性朋友一定会对他做出积极的评价。这样他就会把对方对他做出的一些客观的或者一般性的评价理解成赞赏，甚至会把对方的客气话当成真话。

2. 相同投射

我们在和陌生人交往时，因为彼此之间并不了解，所以很容易发生相同投射，这时我们就会不自觉地从自身的立场出发对对方做出判断。比如，当自己感到冷时，会觉得人家也冷，所以就会马上把空调的温度调高或者把电暖风打开。下面这个故事讲的也是关于相同投射的。

一家出版社召开选题会时出现了这样一种有意思的现象：甲编辑最近在研究秦朝的历史，觉得很有意思，于是就报了一个《有趣的秦朝史》

的选题；乙编辑最近对投资理财特别感兴趣，所以就报了一个《投资理财小妙招》的选题；丙编辑的儿子正在上幼儿园，对孩子的教育问题非常关心，所以就报了一个《学龄前儿童的教育》的选题。

3. 情感投射

通常人们对自己喜欢的人会越看越喜欢，越看越觉得对方优点多。相反，对那些自己不喜欢的人，则会越看越讨厌。于是，我们对自己喜欢的人就会过度地赞扬，甚至是吹捧，而对自己不喜欢的人则会严厉地指责甚至肆意地诽谤。这样的投射会让我们失去人际沟通中认知的客观性，从而很容易导致主观臆断，并且让我们陷入偏见中。这种现象在爱情生活中的表现是最为明显的，所谓的“情人眼里出西施”说的就是这种现象。

此外，投射效应在爱情中还有以下这样一些表现。

觉得自己喜欢的，恋人就一定会喜欢。可事实上并不是，生活中不存在有着完全相同喜好的两个人。或许你喜欢的事情对方会觉得很无趣，所以时间长了，要么让对方变成另一个你，要么以分手告终。

认为自己所做的一切都是为了恋人好。但你认为是好的事情，对方并不一定觉得好，而且他会觉得你在干涉他的生活，甚至是不尊重他。

在现实生活中，投射效应通常会在下面两种情况下发生。

第一种情况是，当我们遇到一个各方面都和自己相同或相似的人时，如年龄、性别、职业、社会地位等。这时候我们就会将对方归入自己所在的群体，而在认知与评价对方的时候就会想当然地将自己的特性投射到对方身上。重要的是，我们还会习惯性地与之进行比较，但是我们又不喜欢在比较中落败。这时候投射效应就会发生作用，我们将自己的特点投射到对方身上，那么对方就变成和我们一样的人，这个时候也就无所谓谁强谁弱了。

第二种情况是，当我们发现自己身上有一些不好的特质或不被社会认可的需求时，为了寻求心理上的平衡，我们就会将这些自己无法接受的东西投射到别人身上，觉得别人也有这样的特征或观念。比如，我们觉得自己不够守时，这时候我们就会想“他们也不比我好到哪里去，参加活动还不是经常迟到”。再比如，“五十步笑百步”的故事，自己因为当了逃兵而羞愧，心里不舒服，突然发现有人比自己跑得更远，就会嘲笑对方，通过这样的方法来缓解心中的不安。

那么，我们该如何客观地看待投射效应呢？

要认识到投射效应在某些情况下是可以帮到我们的，比如，我们可以根据一个人对别人的看法推测出他的心理特征或真实意图，而且由于人们之间确实存在一定的共性及相同的欲望和需求，所以在很多情况下投射效应能帮助我们准确地对别人做出判断。大量事实证明，如果能好好利用投射效应，就能取得不错的结果。

芭比娃娃刚在日本市场被推出时销量并不好，后来玩具公司做了调查，结果发现在日本洋娃娃代表着女孩长大后所希望拥有的形象，而当时在日本销售的芭比娃娃的胸太大、腿也太长，而且还是蓝眼睛，这一点儿也不像日本的少女，所以大家不喜欢买。这时玩具公司才意识到犯了错误，原本它们以为在美国卖得很火的芭比娃娃也一定会在日本受到欢迎，可谁知道事实并不是这样。

意识到这个错误后，它们马上根据日本少女的形象对在日本出售的芭比娃娃重新进行了设计，把胸部和腿的比例都进行了修正，还把蓝眼睛换成了咖啡色的，结果两年的时间内卖出了将近200万件芭比娃娃。

不过，人们虽然具有共性，但又有着不同的个性，如果我们忽视了个性，在与人交往的过程中总是以己度人，那就没办法真正地了解别人，也没办法真正地了解自己。这样一来，我们所做的决定就会出错，并带来很多不必要的麻烦，这就是投射效应带给我们的负面影响。

我们该如何避免这种负面影响呢？

1. 如果你无法做到不讨厌某个人，那最好少和他见面，正所谓"眼不见心不烦"。

2. 要积极干预自己的情绪。当我们察觉到自己讨厌一个人时，一定要提前干预自己的情绪，让自己减少恶意和扭曲的想法，及时进行改正。

3. 要尊重每一个人的差异。尊重他们的个性，不要将自己的想法强加到他人身上，要积极地进行沟通，不要只凭主观想法就做出判断。

4. 对于他人对自己做出的评价，不要太在意。因为有些看法可能只是来自他自己的主观感受，他觉得我们就是那样的，而我们并不是。

5. 当你觉得周围的人充满敌意时，请不要慌张。因为这有可能只是你的主观感受，并不是真实的，要学会全面客观地看待他人。

晕轮效应——以偏概全很容易

【心理学词典】

晕轮效应又被称为“光环效应”，是美国心理学家爱德华·桑戴克在20世纪20年代提出的，是指我们对一个人的某种特征形成坏的或好的印象后，我们就会据此去推论这个人其他方面的特征。

通俗地说，就是一个物品的某种特性或一个人的某种品质给人留下了非常深刻的印象，在这种印象的影响下，人们对这件物品的其他特性或这个人的其他品质都会做出与之对应的积极或消极的评价。

此外，它之所以被称为“晕轮效应”“光环效应”，是因为它作为一种会对人际知觉造成影响的因素，就像月晕的光环一样向周围扩散、弥漫。

【心理学实验】

心理学家戴恩做过这样一个实验：

他让实验对象看了一组照片，这些照片里有看起来很有魅力的人，也有没有魅力的人，有的则是处于中间水平，然后让实验对象对这些照片上的人进行与魅力无关的评价。结果表明，那些看起来很有魅力的人要比没有魅力的人所得到的正面评价更多，而且他们被赋予了更多的积极特征，如沉着、和蔼、容易接近。

此外，美国心理学家凯利在麻省理工学院，曾对两个班的学生分别做了这样一个实验：

在上课之前，实验组织者对学生们宣布他临时请了一位研究生来代课，接着就向学生介绍这位研究生的一些情况。其中，向甲班学生介绍时，他说这位研究生拥有果断、热情、务实、勤奋等品质特征；而在向乙班学生介绍时，他除了将“热情”换成“冷漠”外，其余品质特征都一样。

结果，研究生分别给这两个班的学生讲过课后，甲班的学生和研究生就像朋友一样在热烈地交谈，而乙班的学生则对其避而远之，非常冷淡。

由此可见，当我们对一个人有了最初的印象后，就会影响我们对他的整体判断。

【心理学与生活】

晕轮效应之所以会形成，主要有两个方面的原因。

一是人的性格特征存在内在联系。人的某些品质之间是有一定内在联系的，比如，冷漠的人通常都比较古板、孤独，不容易相处；而热情的人通常对人比较友好，愿意帮助别人、幽默，比较容易相处。

这样一来，我们与某人接触时只要抓住了“热情”或“冷漠”这样一个核心特征，就能自然地联想到其他特征。此外，从人的性格特征的角度来说，各种性格特征在每个人身上都是相互联系、相互制约的，比如，一个欺软怕硬、自私自利的人在其他方面则会表现出心口不一、阴险虚伪的特征；而一个不畏强暴、正直勇敢的人通常会表现得襟怀坦荡、敢作敢为，而且看上去也会让人觉得自然亲切、端庄大方。需要说明的是，我们的性格特征还会通过举止行为反映出来，这样一来我们就可以通过外表去察觉内心，同时又可以从内在的性格特征泛化到对外表的一些评价上，这样晕轮效应就产生了。

二是与人类的一个重要的知觉性特征——整体性有关。我们在感知客观事物时，并不是对客观事物的一部分或个别属性进行感知，总是倾向于将具有不同属性、不同部分的对象看成一个整体，这主要是因为知觉对象的各个部分或者各种属性是有机地联系在一起的。比如，我们闭着眼睛，只要能闻到香蕉的气味或摸到香蕉的形状，头脑中就会形成有关香蕉的完整印象，因为过往的经验帮我们补全了香蕉的其他特征。由于知觉整体性所发挥的作用，我们对一个客观事物才能做到了解一点，就基本掌握面貌，不用逐一感知其每一个属性。

晕轮效应在我们的日常生活中有着多种多样的表现，我们经常看到的明星拍广告，就是企业对晕轮效应的成功利用。因为我们对明星有着不错的印象，认为他们是成功的，所以就会觉得与他们有关的一切都是好的。这样一来，我们当然会觉得他们代言的产品也是好的，因此这些产品通常会卖得不错。这也是为什么那么多企业即使花高价也要请明星做广告的原因。

再比如，一位作家没有名气之前写的小说根本没人看，可是成名之后已经积压的那些书根本就不愁卖，这也是晕轮效应在起作用。

我国的飞鸽牌自行车之所以能够成功进军海外市场，也是因为很好地利用了名人效应。

当时飞鸽牌自行车在国内卖得很好，可是天津自行车厂并不满足于国内市场的成功，他们还想走向国际。可他们虽然也想了很多方法，但效果都不是很好。

就在他们为这件事发愁的时候，他们听到了刚当选为美国总统的老布什即将访华的消息，这让他们眼前一亮，找到了解决问题的方法。原来老布什夫妇二人都非常喜欢骑自行车，所以厂里的领导就想从这一点上找到解决问题的突破口。

接着，他们就把这个想法告诉了新华社，说愿意把飞鸽牌自行车作为礼品送给老布什夫妇。新华社觉得这个主意不错，就将此事上报给了国务院。国务院对这件事也很重视，最后决定将该厂最新投产的一款男用自行车和一款女用自行车送给老布什夫妇。

当他们将这两款自行车送给老布什夫妇时，老布什夫妇非常高兴，还当场表示第二天就会试着骑一下。而这个场面经过全球数百家媒体的报道后传向了全世界，飞鸽牌自行车也随之美名远扬，随后飞鸽牌自行车成功地进入美国市场。

在恋爱中，晕轮效应也会发生作用，我们刚开始喜欢一个人时，其实只是喜欢上对方表现出的一个优点，或许是温柔，或许是大度，或许就是帅 / 美。经过晕轮效应的作用，我们会觉得对方身上都是优点，根本没有缺点。

俄国大文豪普希金疯狂地爱上了“莫斯科第一美人”娜坦丽，还和她结了婚。不过娜坦丽虽然长得漂亮，但是和普希金志趣不和。每当普希金想要读诗给她听时，她就会马上捂住耳朵，表示不想听。她还总是要求普希金和她一起去参加各种娱乐活动，而且她生性喜欢奢华，搞得普希金不仅没有时间搞文学创作，还欠了很多债，娜坦丽居然还背叛了他，害得他与人决斗，最后因此丧命。

在日常工作中，如果管理者觉得某位员工在某个方面做得很好，就会很自然地认为他在别的方面也会做得很好，从而将很多重要的任务都交给他。结果那个人在别的方面能力却很一般，没办法做好那些工作。在这里，管理者就犯了以偏概全的错误。

以偏概全就是晕轮效应带给我们的最大负面影响，具体表现在以下几个方面。

1. 弥散性

在生活中，我们对一个人的态度还会连带影响我们对与这个人相关的事物的看法。《韩非子》中讲了这样一个故事：

春秋时，卫灵公宠爱臣子弥子瑕。有一次，弥子瑕的母亲生病了，他知道后就连夜偷偷驾着卫灵公的车回了家，而这样的行为在当时是犯法的，犯法之人的脚要因此被砍掉。可是卫灵公不但没当回事儿，反而夸奖他是个孝顺的孩子。还有一次，弥子瑕吃了一个桃子，觉得很甜，就把自己咬过的桃子拿给卫灵公吃，按理说这是大不敬的行为，结果卫灵公又没当回事儿，还说他是真正爱自己。

后来弥子瑕不被宠爱了，这时候卫灵公的态度就变了。并开始质疑他的品质，就连之前夸赞过他的两件事，也被卫灵公说成了罪行。

2. 遮掩性

有时候我们抓住了事物的个别特征，但它无法反映事物的本质，可是我们仍然习惯性地由部分推及整体，由个体推及一般，这样就一定会错误地推论出其他特征。如果我们随便抓住某个人的某一个好的或坏的特征，就下结论说这个人是完美的或者是一无是处，就会犯以偏概全的错误。现实生活中因为对一个人印象不好而忽视其优点的事例不胜枚举。

3. 表面性

晕轮效应通常产生于自己对某个人的了解还不够深入，也就是说还处于感觉、知觉的阶段时，很容易受到感觉和知觉的表面性、局部性带来的影响，从而让我们对某人的认知仅仅停留在一些表面特征上。而且有些个性、品质或外貌特征之间并不存在内在联系，可是我们很容易把它们联系在一起，而且主观臆断，既然有这种特征，那就一定有另外一种特征；也会出现外在形式掩盖内在实质的情况，比如，看到一个相貌堂堂的人，就觉得他一定是个正直的好人。

那么，该如何克服晕轮效应带给我们的负面影响呢？

1. 要避免循环证实

有关心理研究证明，我们对一个人的偏见经常会被“自动证实”。比如，我们怀疑某个人，时间一长，对方自然就会感受到我们的怀疑，于是他必然会远离我们并对我们生出戒心。对方内心这种情绪的流露又会对我们造成影响，我们便会觉得自己当初的看法是正确的。就这样循环证实下去，一定会陷入偏见的旋涡。所以，当我们对某个人产生不好的看法时，应该先理智地检讨一下自己的态度和行为，看看自己是不是受到了晕轮效应的影响，自觉走出晕轮效应的迷宫。

2. 注意“投射倾向”

我们将自己的某些心理特征强加给别人的现象，叫作“投射倾向”。简单来说，就是如果你是个善良的人，就会以为对方也是个善良的人。人际交往中的“投射倾向”表明，我们对他人的看法包含着自己的东西，在反映别人的时候也是在反映自己，而这种反映通常又是不自觉的。所以如果我们对自己的“投射倾向”不加以注意，不能经常进行清醒的、理智的自我反思，那就有可能会产生晕轮效应，从而形成各种偏见。

3. 注意“第一印象”的影响

由于第一印象具有先入为主的特点，所以通常比较深刻。如果一个人给你留下的第一印象比较好，那就会为以后的交往打下良好的基础，从这点来说注意给人留下良好的第一印象是非常有必要的。可是第一次接触时，我们所能了解的信息是非常片面的，而且比较表面化，还带有一定的虚假性。问题的严重性往往在于，先了解的信息总是影响着对后面获得的信息的解释方式，因此第一印象一旦形成，后面所得到的信息就只能扮演补充和解释的角色，这就为晕轮效应的产生提供了温床。所以，要客观、冷静地看待第一印象，思想上做好具有改造，甚至是否定第一印象的准备。

4. 要坚决避免“以貌取人”

一项心理实验显示，当人们被要求在一堆不认识的人的照片中分别找出“好人”与“罪犯”时，总会受到晕轮效应的影响，也就是会表现出按照外貌分类的倾向。苏联心理学家鲍达列夫对 72 个人做过这样一项调查，以求弄清楚人们对人的外貌是如何理解的。其中，有 9 个人认为，方方正正的下巴是意志坚强的标志，而智慧的人通常都有宽大的前额；有 3 个人认为粗硬的头发表示倔强的性格；还有 14 个人认为胖表示心地善良；等等。

尽管这些生理特征大多是天生的，但是有人认为能从中看出一个人的性格特征。这样的“由表及里”的推断含有很大的偏见。我们在认识他人时，只有不满足于表面现象，注重了解对方的行为、心理等深层结构，才能避免“以貌取人”。

5. 要注意“刻板印象”的影响

刻板印象是类化作用，就是按照预想的类型将人分类，然后再给他们贴上标签。比如，提起“教授”时就想到“学养深厚”，说到“商人”时总是会认为他们“唯利是图”。刻板印象的形成源自对某一类人普遍特征的归纳，然而这只是一种简单的认知而已，虽然这有利于我们对某一类人进行概括的了解，但也很容易发生偏差。所以，刻板印象与晕轮效应之间有密切的关系，它是导致认知失真的一个“误区”。因此，我们要想对他人有一个深刻、确切的认知，那就一定不能忘记人的丰富多样性，并且要不断地对大脑中由于刻板印象造成的假象进行修正。

飞镖效应——想象和现实总会差很多

【心理学词典】

在社会心理学中，心理学家将行为反应的结果与预期目标完全相反的现象称为“飞去来器效应”，它的另一个名称是“飞镖效应”。为什么会有这样一个名称呢？因为飞去来器是澳洲的原住民使用的一种武器，他们使用它时会把它朝一个方向扔出去，但是它却飞向了相反的方向，然后又沿着不同的路线回到他们手里。

该效应是一位苏联心理学家纳季控什维制首先提出的，有时人们也会通过该效应说明情绪逆反的心理现象。

【心理学故事】

一位法国人写过这样一则关于风的故事：

有一天北风和南风要比试一下谁能把路上的行人身上的大衣给吹掉，北风为了赢，就使出了全身的力气去吹，一时间行人为了抵抗寒冷，把身上的大衣裹得更紧了。结果虽然北风累得气喘吁吁，但还是没能把行人的大衣给吹掉。

接下来轮到南风了，它轻轻地吹着，很快天开始变暖，路上的行人觉得热了，就都解开纽扣，脱掉了大衣。就这样南风赢得了比赛。

【心理学与生活】

心理学家认为，产生“飞镖效应”的根本原因在于我们考虑问题过于简单化、片面化。之所以会出现这样的结果有各方面的原因，有的是因为人们做事时将全部注意力都放在了想要达到的目标上，从而忽略了方法、手段的选择，结果弄得方法、手段与目标完全不匹配，有的甚至是冲突的。这样一来，就会引发一系列我们没有办法控制的反应，最终导致严重偏离目标，结果对我们造成不良影响。所以目标与手段必须相匹配。

此外，我们还不能忽视情绪逆反现象的影响。比如，当我们与一个人聊天时，如果对对方所说的话无法认同，那么心里就会厌烦，这时对方说得越多我们就越烦。而对方原本是想说服我们的，他觉得说得越多就越有可能说服我们，但最终的结果是我们越来越烦他，根本就不想听他说下去。所以他得到了一个完全相反的效果，而且很有可能从此造成我们对他的不好印象，他以后要做很多努力，才有可能改变我们的这种印象。

在日常生活中，飞镖效应随处可见。一对夫妻发生了激烈的争吵，这时如果有一方想向另一方解释，那不但不会有好的效果，情况还会比原来更糟糕。因为另一方会很自然地认为对方做出解释是别有用心，并不是在陈述事实，所以越解释他就越不爱听，越解释就越来气，这时候最明智的做法是沉默，让彼此都冷静一下。

教师在教学过程中也很容易遭遇飞镖效应的消极影响，比如，有的教师讲课总是拖堂，因为他很认真，每次准备得都非常充分，想要多教给学生一些知识，可学生觉得他占用了自己的课余时间。于是他越是拖堂，学生就越是不认真听讲，甚至还有人故意捣乱。还有的教师为了不让学生早恋，就采取了比较过激的措施，结果学生早恋的情况反而越来越严重了，学生像是故意与教师对抗一样。

所以，我们在与人沟通和合作的过程中一定要特别注意方式、方法，不该说的话坚决不要说，不该做的事坚决不要做，避免适得其反。对于逆反情绪较为严重的未成年人，与他们沟通时应该尽量避免催生其逆反心理，如果发现什么问题，最好采取温和的手段疏导、化解。

蔡格尼克记忆效应——没做完的事情印象更深

【心理学词典】

蔡格尼克记忆效应具体是指那些还没有处理完的事情要比已经处理完的事情给人留下更为深刻的印象。该效应是由心理学家蔡格尼克通过实验总结出来的结论。

【心理学实验】

20世纪20年代，德国心理学家蔡格尼克做了这样一个关于记忆的实验：

受试人员被要求去做22项简单的工作，比如，写下一首自己喜欢的诗歌，把一些形状和颜色都不同的珠子按照一定的模式，用线给穿起来，等等。

完成每一项工作所需要的时间大体上是相同的，通常都需要几分钟。此外，在这22项工作中只有一半工作是允许做完的，另外一半工作都是没有做完就因遭到阻止而被中断，而且允许做完和不允许做完的工作的顺序是随机出现的。

随后，研究人员让受试人员马上对所做的22项工作进行回忆，结果他们对那些没有完成的工作平均可回忆起68%，而已经完成的工作则是45%。也就是说，人们对未完成工作的记忆要比已完成的工作更加深刻。

【心理学与生活】

蔡格尼克记忆效应在生活中的很多方面都有体现。

首先是生活琐事。比如，很多人都会追剧，因为那些精彩的电视剧的每一集都会给我们留下一个悬念，让我们迫不及待地想要看下一集，直到看完为止，因此，很多人都因为追剧而熬过夜。那电视剧为什么要设置悬念呢？就是为了让观众对剧情留下深刻的印象，让故事总是保持着一种未完待续的状态，用这种方法来提高观众继续观剧的渴望和收视率。

熬夜看小说和熬夜追剧其实是一个道理，都是受到了蔡格尼克记忆效应的影响。类似的情况还有很多，比如信写了一半，笔突然不出水了，这时候我们一定会找一支相同颜色的笔，继续把信写完；画了一个半圆之后，心里一定会一直想着它，直到画上了剩下的缺口，把这个圆画完为止；一项工作做了一半之后因为其他事中断了，我们也会一直想着它，什么时候把它做完了，才不会继续想这项工作；当我们观看一场激烈的篮球比赛时，突然停电了，那比赛的结果一定会折磨着我们，直到我们知道结果为止；等等。

其次是爱情。为什么人们总是对初恋念念不忘，就是因为它在大多数人心目中是一件没有完成的事情。我们在初恋时会希望与对方长久地待在一起，但是出于各种原因，很少有人能真的和初恋结婚，这就变成了一件没有完成的事情，而正是因为我们没有成功完成这件事情，初恋才让我们印象深刻，让我们一生都难以忘怀。

此外，蔡格尼克记忆效应在营销方面也有所应用。比如，一个人去排队买一件东西，好不容易轮到他了，东西卖没了，这时候他就会被这件没能买到的东西折磨，心里会一直想着它，直到有一天买到它，心里才舒服。所以，在现实生活中很多商家都会利用顾客的这种心理搞“饥饿营销”，或在销售商品时故意设置很多“悬念”，刺激顾客去购买，因为只有完成购买，人们才能不被这件没有完成的事折磨。

看到这里，我们不禁要问一个问题：蔡格尼克记忆效应为什么会发生呢？简单来说，因为我们每个人都有一种未完成情结，这种情结会让我们对“未竟之事”感到不甘、懊悔和遗憾，而这种情结又与我们对“完整”的执念有着密切的关系。

研究发现，当我们面对一个有小缺口的图形时，就会本能地想去补全它，使它成为一个完整的图形，这是人们在很小的时候就表现出来的一种本能。可以说，我们在追求每件事时的状态都近乎偏执，而那些没有结果的事将会伴随着没有满足的需求或愿望而被我们带入以后的人生中。

心理学家认为，每个人都具有一种认知闭合需求，简单来说，个体在面对自己不确定的情境时，总是希望能给问题找到一个明确的答案，因为与不确定和混乱相比，任何一个明确的答案都会让人们感到认知上的舒适。所以，那些我们曾经非常看重却一直没有完成的事会一直折磨着我们，让我们感受到认知上的不舒适。

面对这种折磨，有的人会否认，不承认自己有过渴望；有的人会遗忘，忘记自己渴望过什么。但是更多的人会下意识地构建类似的场景，寻找类似的人，想要通过这些途径完成此前没有完成的事。

在我们这种有意识或无意识的复建与复刻的过程中，我们会产生两种常见的行为，即补偿和发泄。

补偿可以是对自己的，也可以是对别人的。比如，一个人小时候家里条件不好，很多想要的东西都得不到，长大后就努力地追求物质享受，通过奢侈的生活来进行自我补偿。再比如，一个人与初恋的感情无疾而终，就想找一个与对方相似的人在一起，并且想要获得一个美好的结局，这也是对自己的补偿。

对别人的补偿行为也是很常见的，比如，一个人之前没有能力给伴侣更好的生活，让她跟着自己吃了很多苦，后来因为某些原因两个人又分手了，结果这个人非常懊悔和愧疚。之后他就会将这种懊悔和愧疚转移到后来的伴侣身上，对她特别好，想要把所有好的东西都给她，这就是对他人的补偿。

发泄则是更多地表现在情绪方面，是将想要表达却没能表达的情绪发泄到别的地方或别的人身上。比如，一个人小时候曾经多次遭受不公平对待，就算他无数次幻想过要表达愤怒，保护自己的情形，但最终只是敢怒不敢言。所以他在随后的人际交往中就会表现得非常容易生气，而且还经常将愤怒发泄到别人身上。

需要指出的是，补偿与发泄往往是同时发生的，而且它们通常能够在某种程度上减轻未完成之事对我们的折磨。不过，如果一个人一直逃避或忽视最初没有完成的那件事，只是去完成一些类似的、自己复刻出来的事，其实是没有办法获得真正的“完整”的。因为这种行为模式最为显著的特点就是重复，也就是说人们会反复地将自己置于相似的关系或情境中，而在这种无意识的重复中，我们所遭受的痛苦只会得到短暂的缓解，却很难真正消失。

在这个不断重复的过程中，我们还会做出一些没有意义的努力，甚至可能会因此错失那些更为重要的、珍贵的人和事。没有完成的事对我们的最大影响就是将我们的选择限制住，很多时候我们以为自己是在自由地做出选择，其实是被过去的心结控制了。

一个人因为没办法接受无法和初恋走到一起的结果，所以在以后的人生中就会选择一个与初恋相似的对象。可实际上他已经不再喜欢像初恋那样的人，也不再适合当初那样的关系了。可是他因为被“完整”的执念所绑架，从而偏执地认为自己仍然喜欢那样的人，而且还会在遇到让自己心动的人时，被“他们一点儿都不像”这样的想法所干扰，从而忽视自己的真心。因此，如果我们一味地执着于过去未完成的事情，就会在当下和未来留下更多的遗憾。

执着于“未完成之事”的人还会有意或无意地将自己没有完成的事强加给自己的孩子，比如，由于自己没有考上重点大学，就一定要让孩子考上才行，等等。由于这些事件往往伴随着愤怒、懊悔、负罪感等负面情绪，所以这些事在向孩子传递的过程中往往会给他们带来创伤。

上面所说的只是蔡格尼克记忆效应对我们的生活产生的常规影响，除此之外，它还会让人们走入两个极端：一是过分强迫自己，不管做什么事都得一口气完成，如果做不完就死抓着不放手，甚至完全不理会别的人和事；二是做任何事都喜欢拖延，经常出现半途而废的情况，很难把一件事完成后再去做另外一件事，而且永远没有办法彻底完成一件事。

这两种极端情况都会对我们产生消极影响，我们都需要在心理上对其进行调整。一个人之所以做事经常半途而废，无法完整地做成一件事，是因为他害怕失败和批评。对于这样的人，心理学家给出了一个简单的建议：如果一个人做一项工作时精力只能集中 10 分钟，而这项工作却需要 1 个小时才能做完，那么只要一发现自己的精力开始不集中，就要马上停止工作，然后拿出 3 分钟的时间运动或放松一下，随后再开始另一个精神集中的 10 分钟工作。如此循环下去，就一定能把工作高质量地完成。

而那些非要将每件事都完成的人的生活可能会没有规律，而且会非常紧张，生活也缺乏乐趣。所以我们不妨试着让自己放松下来，可以在空闲的时间做点自己喜欢的事，学习如何去享受人生。

其实，如果我们能好好地利用该效应，也能做一些对我们有利的事，比如，可以利用这个效应让自己顺利地忘记一些不想记住的事。在一段亲密关系中，如果一对情侣发生争吵后能够互相原谅，或就某些事达成共识，那么这次争吵就会很快被忘掉，这也是很多幸福的情侣在回忆自己的感情经历时，总是说“我们没有吵过架”的原因。其实他们不是没有吵过架，只是每次吵完架之后他们都很快和解了，所以才会顺利地忘记这次争吵。因此，当我们与人产生矛盾时，一定要积极地寻求和解或想方设法解决问题，这样我们才不会被这些不开心的事情困扰。

最后，我们来了解一下如何避免“没有完成”的执念给我们带来的消极影响。

1. 做事情时要善于运用自己的价值观标准对事情进行判断。如果发现一项工作并不值得去做，或做了一半后发现这项工作再做下去并没有多大意义，那就要勇敢、果断地将其放弃。

2. 当我们发现没有意义的重复并不能让自己真正完成那些“没有完成”的事时，也就是说无法从根本上解决遇到的问题，那我们就应该直面自己的愿望，并且接受“这件事本身注定没办法完成”这个事实。我们必须承认缺憾是人生无法避免的一部分。

面对与承认的过程其实就是一次郑重的道别，所以这时候我们可以做些有仪式感的事情，比如，一个人去当初与他人说好了要一起去的地方，或带上日记本到生活过的地方，将没有完成的愿望和日记本一起留在那个地方。

3. 强化自己的意志力。可以先从一件小事开始对自己进行训练，比如，一本书读了一大半的时候，强迫自己停下来不要去看剩下的部分。想一下自己是不是在浪费时间和精力，如果你的答案是“是”，那就要考虑要不要继续读下去。

4. 编制一个时间表，将自己必须做的事情及要花费的时间写下来。给每件事都规定一个最后完成的时间，这个期限应该定在对方要求办妥的时间之前。比如，领导要求你将手头的文案在下周五前交给他，那就在下周三做好。

5. 从现在开始不管做任何事情，都不要想着“我还有时间”“等等再做”，这会让大脑产生一定的滞后性，会让自己变得懒惰。所以，想到就要去做，做才是获得成功的前提。

6. 对于每一项工作，都不要盲目地去做。在开始做之前一定要先认真思考，对每一个步骤进行细化。

成败效应——努力之后会有完全不同的结果

【心理学词典】

成败效应是由教育心理学家格维尔茨在实验中发现并提出的概念。其含义是我们在努力之后成功或失败的结果所带来的心境变化会影响自我认知，从而产生成就感或自卑感。

【心理学实验】

教育心理学家格维尔茨做过这样一个实验：

他准备了一些难度不等的问题，让参加实验的学生自由选择并解答这些问题，结果他发现那些能力比较强的学生在解答了一个问题后，就不愿意再解答与之具有相同难度的问题，而是会去挑战具有更高难度的问题，借以探索新的解答方法。如果他们通过努力，克服困难并获得成功，这时他们的内心是满足的，并且会非常愉快。这就是努力之后产生的成功效应。

而那些学习成绩、能力等方面稍微差一些的学生，如果付出了艰辛的努力后仍然没能成功，失败了多次之后，他们通常都会灰心失望，甚至会完全失去学习的兴趣。这就是努力之后产生的失败效应。

【心理学与生活】

成败效应带给我们最重要的一点思考就是：遭遇挫折时我们该如何面对？我们来看看古今中外那些杰出的人在遭遇挫折或困难时是怎样做的。

天文学家开普勒一生都非常坎坷。他是个早产儿，在妈妈肚子里只待了7个月就出生了。后来一场天花又让他长了一脸的麻子，没多久他的眼睛又因为传染病而出现问题。可他仍然非常努力地读书，学习成绩要比同伴好很多。后来家里条件变得非常困难，没法儿再供他读书，可他还是坚持自学。

在以后的人生中，他又经历了很多常人无法承受的挫折，比如，多病，尊敬的教师和爱妻相继去世。可是他仍然没有放弃对天文学的喜爱和研究，最终发现了天体运行的三大定律。

宋代大文豪欧阳修的父亲在他很小的时候就去世了，家里条件非常差，没有钱买纸和笔。母亲就拿着芦苇秆在沙地上写字，教他识字。等他稍微大一点儿之后，家里无书可读的他就跑到家乡藏书很多的人家里去借书。有时候还会一边读一边抄，夜以继日地学习，正因为如此，他小时候写的诗文就有成年人的水平。

北宋名臣范仲淹和欧阳修的情况差不多。他也是幼年丧父，母亲为生活所迫而改嫁。他年少时在家附近的一座寺庙里读书，经常从早上读到第二天黎明，和尚们都起床了他才睡觉。那个时候他的生活非常艰苦，每天只喝粥，而且还要把一锅冷却后凝结的粥分成四块，早上和晚上各吃两块，吃的时候只加一点韭菜末和盐，别的什么都没有。

有时候他一天只能喝一顿粥，可是对于这样的苦日子，他却一点儿都没觉得苦，仍然非常刻苦地学习。后来他考中进士做了官，做官之后他是真正做到了“为官一任，造福一方”。他为官正直，曾多次被贬，可是他一点儿都不消沉，仍然积极地为国为民做事。

贝多芬这辈子也很坎坷，因为家里穷，没能读大学，还得过伤寒和天花，后来又失去听力，爱情上也很不顺。可是他并没有放弃自己，而是顽强地与命运抗争，最终为我们留下了无数经典的音乐作品。

从上面这些先贤的经历可以看出，他们在面对挫折或困难时选择的是勇敢面对，然后通过艰苦的努力最终战胜它们，从而使人生得到升华，并获得巨大的愉悦感和满足感。

可是，并不是所有人在面对挫折时都会勇敢面对，通过努力去战胜挫折，很多人在遭遇困难或挫折后会自暴自弃。

信陵君带领五国联军打败秦军后，秦昭襄王非常忌惮他，于是派人带着重金到魏国寻找信陵君的政敌，让他们散播信陵君要夺取魏国王位的谣言。与此同时，他还想尽办法挑拨魏王和信陵君的关系，甚至还派人到魏国去假装祝贺信陵君做了魏王。

结果魏王对信陵君的疑心越来越重，最终收走了他的兵权。于是信陵君就推脱说自己有病不去上朝，以此表达自己的不满，而且每天沉迷于酒色之中，从此一蹶不振，四年后因酒色过度而患病去世。

隋炀帝也是一个无法正视挫折的人，第一次征高句丽失败后，他就变得失眠、多梦。随后杨玄感反叛和雁门之围更是严重动摇了他的信心，从此以后他越来越消沉。最终他不愿意正视现实，不愿意听到农民起义的消息，在中原地区到处都是农民起义军的情况下，居然带领精锐部队逃到江都去，完全放弃了中原。

到江都后他更加堕落，每天花天酒地，一点儿都不关心外边的形势，在将近两年的时间里无所事事，导致局势越来越糟糕，他最终被叛军杀死。

每个人都会遭遇挫折，不同的人面对挫折时会有不同的做法。积极乐观的人会正视挫折，与挫折进行搏斗，经历一番磨难后最终会苦尽甘来，获得成功与幸福。消极悲观的人会选择逃避，或在一定程度上被挫折击倒，从此远离成功与幸福。所以，面对挫折时的态度决定了我们的人生是否能获得成功、幸福。

近因效应——最近发生的事记忆最深刻

【心理学词典】

近因效应原本是指当人们对一系列信息进行记忆时，对末尾部分的记忆效果明显比中间部分的好很多。而且信息前后所间隔的时间越长，近因效应就会越明显，这是因为前面记忆的信息会逐渐变得模糊，近期记忆的信息在短时记忆中会变得更加清晰。由此引申出来的意义就是，人们对最近接触到的信息印象最为深刻。

此外，心理学家认为，在学习系列材料后进行回忆时，人们对该系列中最后几个项目的回忆与识记相距时间是最短的。也就是说，我们最先记起来的就是最后的几个项目，这是因为这几个项目是从短时记忆中提取的。

【心理学实验】

美国心理学家卢钦斯用自己编的两段文字做了一个实验，想对首因效应进行研究。

他所编写的材料描写了一个叫吉姆的男孩的生活片段，第一段文字将吉姆描写成一个热情、外向的人，比如，其中提到他和朋友一起上学，他会和店铺里的熟人说话，还会和新认识的女孩子打招呼。

第二段文字则将他描写成一个内向且冷淡的人，比如，他放学后一个人回家，不会和熟人聊天，常走在马路背阴的那一面，也从不和新认识的女孩子打招呼。

在实验中，卢钦斯又将两段文字组合在一起，然后找来四组测试对象，让他们分别读了不同组合的材料，具体的安排如下。

第一组，描写吉姆热情外向的文字先出现，描写其冷淡内向的文字后出现。

第二组，描写他冷淡内向的文字先出现，描写他热情外向的文字后出现。

第三组，只看到了描写吉姆热情外向的文字。

第四组，只看到了描写吉姆冷淡内向的文字。

然后，卢钦斯问了这些测试对象一个共同的问题，那就是他们觉得吉姆是一个怎样的人？结果显示，第一组中有78%的人认为吉姆是友好的，第二组中只有18%的人认为吉姆是友好的，第三组中有95%的人认为吉姆是友好的，第四组中只有3%的人认为吉姆是友好的。

这表明信息呈现的顺序会对我们的认知产生影响，那些先呈现在我们眼前的信息会比后呈现的信息对我们发挥更大的影响。这就是首因效应。

不过，卢钦斯进一步研究后发现，如果在测试对象阅读两段文字材料中间插入一些别的活动，如做游戏、看电视、讲故事等。那么，大部分测试对象都会根据做完活动以后所得到的信息对吉姆进行判断，这就表明后来获得的信息对他们的认知产生了较大的影响，也就是近因效应。

【心理学与生活】

心理学研究发现，近因效应通常不如首因效应那样明显和普遍。在我们对某事或某人的印象形成过程中，如果不断有一些足够让人产生兴趣的新信息出现，或原来的印象已经淡化时，那新近获得的信息的作用就会比较大，此时就会发生近因效应。一个人的个性特点也会对首因效应或近因效应的发生产生作用，比如，一个个性开朗、容易接受新事物的人就容易受到近因效应的影响；而一个心理保持高度一致，且心态非常稳定的人就不容易受到近因效应的影响，但他却容易受到首因效应的影响。同样，认知结构简单的人更容易受到近因效应的影响，认知结构复杂的人则更容易受到首因效应的影响。

人与人在交往初期，也就是当两个人彼此还不太了解，关系比较生疏的时候，首因效应产生的作用比较大；而当两个人都互相了解，关系比较亲密了之后，近因效应产生的作用就会比较大。所以，在交往中第一次和最后一次给人留下的印象都会在对方的脑海中存留很长时间。

近因效应在生活中的很多方面都有体现，比如，人们对于好多年没有见面的朋友，脑海中印象最为深刻的，就是当初两人分别时的情境。这一点常见于多年不见的老同学，他们重逢时聊得最多的一定是毕业那天的情况，因为他们对这件事印象最深刻。

再比如，一个朋友经常惹你生气，但是如果问你具体的事情，你只会想起最近一次见面的时候他做过的让你生气的事情。

近因效应还会对我们造成不小的负面影响。这是因为它会让我们过分看重最近的信息，并且会以此为依据对所遇到的问题做出判断，从而忽略了以往信息的参考价值，导致我们没有办法全面客观地看待问题。

很多参加面试的人应该都遇到过这样的情况：一个人参加面试，所有的流程都走完了，这时候面试官告诉他回去等候通知。可就当他要离开的时候，面试官却又叫住他，对他说："你已经回答了我提出的所有问题，可是我实在是没有从你身上找到什么亮点，你对此有什么想说的吗？”

面试官这么问其实是对面试者的最后一个考验，就是想要考查一下面试者的心理素质及应变能力。所以，如果你回答得很精彩，那绝对可以加分，但是如果回答得不好，前面所做的一切努力可能都白费了，因为最后的印象起着决定性的作用。

再比如，一个人在公司里一直表现得很好，很受领导的器重，结果最近一段时间他做错了事，说了不该说的话，会给领导留下深刻的印象，于是之前辛辛苦苦建立起来的好形象毁于一旦。所以现实生活中经常出现多年的好友因为一句话、一件事伤了和气，甚至绝交。因为在彼此熟悉的人之间，近因效应的作用更明显。

朋友之间的负性近因效应通常产生于在交往中遇到与内心需求相违背的情况，想要做的事没有做成，或觉得自己受到了莫大的委屈。一片真心被人误解时，我们就会处于激情状态下，我们对自身行为的控制能力及对周围事物的理解能力都会出现不同程度的降低。也就是说，这时候我们会表现出脱离控制的倾向，很容易说出不该说的话，做出一些不该做的事，造成不好的后果。

那么，我们该如何避免近因效应带给我们的负面影响呢？

要想避免近因效应带给我们的偏见，避免其破坏我们以往建立起来的良好形象，就必须努力培养睿智的思维，以及经过全面考察后再下结论的习惯。具体应做到以下几点。

1. 谴责批评之后一定不要忘了安慰

如果你是一个企业管理者，那么在员工犯错被你批评之后，一定要记得加上一句“或许我把话说重了，其实你之前做得还是很不错的”。这样做会让被批评的员工有被勉励的感觉，使其知道虽然他被批评了，但其实领导都是为了他好。相反，如果批评之后说一句“如果下次再犯，你就要小心了”，或用类似的话作为结束语，那一定会给员工留下一个非常不好的印象。

2. 多注意之前的固有印象

有句话说“做十件好事抵不上做一件坏事”。现实生活中也是这样，你做了十件好事，可能都没有人记住，因为大家都已经习惯了你做好事，可是如果你做了一件坏事，那大家都会记忆深刻，从此你在大家心目中就变成了一个坏人。其实，世界上并没有十全十美的人，我们不能因为一个人犯了一点小错就急于否定他，更不能完全依据最近发生的事去评判一个人，而要综合各方面的情况对其做全面考察、评判。

3. 不要被一次好或坏的行为迷惑

不能因为对方做了一件好事就认为对方是好人，因为再坏的人也会做好事；也不能因为对方做了一件坏事或错事而认为他是个坏人，因为再好的人也会有失误的时候。此外，如果一个人最近对你很好，那也不能就此判定他是个好人，说不定他对你另有所图。

4. 积极创造良好的“近因”，对自身形象进行改善

在与人交往的过程中，我们可以不凭借“近因”对别人做出评判，却不能阻止别人通过“近因”来评判我们。所以要谨言慎行，尽量避免说错话、做错事，言行与之前要始终保持一致。

5. 要进行全面考察与评判

全面考察会让我们更加清楚地认识周围的人，而不是通过只言片语或偶然的行为片面地认识他们。如果我们能将一个人最近的某些异常表现看作平常事，与之前的表现并没有本质差别，那就可以摆脱近因效应带给我们的负面影响。

角色效应——角色影响行为

【心理学词典】

人类社会对每一个角色都会提出相应的要求和期待，人的角色意识的形成也正是建立在这种要求和期待的基础上。在现实生活中，人们会以不同的社会角色参与社会活动，这种因为角色的不同而引起的行为或心理变化，就被称为“角色效应”。

【心理学实验】

1971 年，斯坦福大学的社会心理学家辛巴多和学生在学校的地下室做了一个“犯人”实验。

他们招募了一些学生做志愿者，让其分别扮演看守和犯人，在一起体验两周的监狱生活，犯人和看守这两种角色的选择都是志愿者通过抛硬币来决定的。

设定好角色后，实验开始，被试者都很认真地扮演着自己的角色。其中，看守表现得越来越像监狱里真正的看守，开始对犯人加强管制，甚至是羞辱、胁迫及殴打。在这样的情况下，犯人组织了一次反叛活动，双方发生了非常激烈的肢体冲突。接下来，那些受到羞辱的犯人开始逐渐习惯不公平的处罚，有的犯人甚至觉得自己的大脑已经失常了。

于是，辛巴多急忙叫停了这个实验，因为他发现参加该实验的这些年轻人越来越像自己所扮演的角色，而且其行为也失去了控制。

【心理学与生活】

上面这个实验反映出社会角色背后所蕴含的巨大力量。“角色”这个词源自戏剧，美国的芝加哥学派将这个概念引入了社会心理学之中。

心理学家米德认为角色是在互动的过程中形成的，社会角色就是个体与他的身份地位相一致的行为方式及相应的心理状态。它能让一个年轻人在很短的时间内变成“看守”或“犯人”，这足以证明扮演哪一种角色会在很大程度上影响人们的行为。

有一位心理学家对一对双胞胎姐妹进行一段时间的观察后发现，她们虽然长得很像，在一个家庭中生活，并且还在同一个班级学习，可是在性格上却差别很大。姐姐非常开朗，还喜欢交朋友，对人热情主动，处理问题非常果断，而且能够独立工作。妹妹则比较内向，不善于交际，遇到问题时缺乏主见，还容易依赖别人。

那是什么原因让这对姐妹存在如此巨大的性格差异呢？主要是因为她们所“扮演”的“角色”不一样。原来，她们出生后爸妈就把先出生的那个认定是姐姐，后出生的那个就是妹妹，而且爸妈在家里一直强调姐姐必须照顾好妹妹，要对妹妹的行为负责。与此同时，也要求妹妹必须听姐姐的话，遇到什么事必须和姐姐商量。

这样一来，姐姐不仅要努力增强自己独立处理问题的能力，还要扮演妹妹的保护人的角色，而妹妹则很自然地充当了被保护者的角色。

无独有偶，日本心理学家长岛真夫等人为了研究角色对学生性格的影响，做了这样一个实验。

他们在一所学校的五年级挑选了一个班，这个班有 47 名学生，他们选了在该班中地位比较低的 8 名学生，让他们做班干部，并在这些学生完成任务的过程中给予适当的指导。一个学期后，研究人员对这 8 名学生进行测试，结果发现他们在班级中的地位明显提高，在第二学期选班干部时，这 8 名学生中有 6 名又被选为班干部。此外，研究人员还观察到，这 6 名新班干部的性格、自尊心、责任感、开朗程度等特征都有明显变化。而且从全班的统计来看，原来那些很少参加班级活动的、比较孤僻的学生比例降低了很多，整个班级的风气都有所改观。

由此可见，角色是性格形成的关键因素。每一个人多少都会受到角色的影响，而这种影响主要是社会对这个角色的要求。如果一个人扮演的是“教师”的角色，就会受到“为人师表”等角色要求的影响；如果扮演的是“领导”，就会受到“威严”等角色要求的影响；等等。总之，社会对角色的要求会将你紧紧地束缚在角色之中。

以上这些都很好地证明了角色效应的存在，那么角色效应是如何产生的呢？它的产生需要经历以下三个过程，在孩子身上表现得尤为突出。

1. 社会和他人对角色的要求或期望

现在社会普遍认为好学生就得学习好，而学习好就得考一个高分数，“学习好”和“高分数”就是家长、教师对“好学生”这个角色的期待。这种期待可能导致我国教育过于重视智力教育，忽视劳动、体育、道德、美术教育。

2. 对自己所承担的社会角色的认知

在现实生活中，很多孩子会认为自己的角色与长辈的角色是对等的，比如，很多孩子会认为“我爸是大款”“我爷爷是大官”，进而认为自己也是“大款”“大官”。这种错误的角色认知导致很多孩子变得狂妄自大，做出一些伤害别人的事。

3. 在对角色的期望及角色认知的基础上，通过某些具体的角色规范，最终实现角色期待和角色行为

角色效应在很多领域都产生了重要影响或者具有重要意义，比如，班级管理。在一个班级中，不同的角色承担着不同的职能，所以学生会在无形之中受到这些角色的影响，角色不同产生的影响也不一样。班长的角色可以让学生的决策、协调和组织能力得到很好的锻炼，体育委员的角色可以对学生的胆量与意志进行磨炼，并且能够提高学生的服从性和竞争性，学习委员的角色则对激发学生的责任心和上进心大有帮助，等等。此外，还有一些隐性的、并不正式的角色，会对学生的性格发展造成消极的影响。

由于班级角色对孩子的性格塑造或能力培养有着非常重要的意义，所以教师在班级管理实践中应想办法发挥角色效应的积极作用，对学生的角色进行合理安排，并对非正式角色进行适当的抑制。

下面，我们就来简单了解一下如何在班级管理中发挥角色效应的积极作用。

1. 每个角色都不能固定

如果一个学生长时间担任一个固定的班级角色，那他就会对该角色产生依赖，而且还会影响其对新角色的尝试，这会对其心理健康发展造成负面影响。比如，一个学生长时间做班干部，那他就很容易觉得自己做班干部是顺理成章的事，他会觉得自己了不起，很可能逐渐变得骄傲自满。此外，教师对班干部角色的要求比较高，觉得他们应该做学生的表率，这样一来很多班干部一方面会培养出较高的责任心和自律精神；但另一方面也会养成积极迎合教师、做事太过谨慎、太过追求完美的性格特点。这对学生性格的健康发展也是非常不利的。

而在有些学生长期担任班干部角色的同时，也会有一些学生长期担任着非班干部的角色，这也会对他们的成长与发展造成不利影响。因为他们长时间“被管理”，所以很容易站到班干部的对立面上，对班干部产生敌意，进而产生各种消极情绪，并且会表现出被动的状态，这会对其学习与参与学校活动造成消极影响。同时，他们因为缺少了班干部角色的训练，所以很难养成良好的自律精神与责任心，这将是一个无法弥补的遗憾。

因此，班主任在日常班级管理中可以推行班干部轮换制度，按照一定的顺序进行轮换，或通过全班竞选等多种方式定期对班委成员进行更换。这样做可以让更多的同学承担班委的角色，使他们从中得到培养与锻炼。从而避免因角色的缺失而对学生性格的健康发展造成不利影响。

除了要想办法让学生轮流担任各种角色，还可以让学生同时担任多种角色，比如，一个学生在担任学习委员的同时还可以做班级的图书角管理员，或做体育委员的同时担任文艺委员，等等。同时担任多个不同的班级角色不仅可以让学生得到各种不同的训练，多个角色之间的快速转换还可以有效增强学生的适应能力。

2. 让学生对某些重要角色展开适当竞争

虽然说班级中的角色在本质上并没有什么差别，但是在具体实践中还是会受到学生的区别对待。学生通常都会偏爱某几个班级角色，如班长、学习委员等，而忽视另外一些班级角色，所以究竟该如何分配班级角色，尤其是那些大家偏爱的角色，就成了学生最关心的问题。

对班主任来说，比较可行且能为学生接受的方法就是，对那些拥有较高的认同度、学生普遍看好的班级角色展开适当的竞争，通过公开测评、当众演讲等方式，让学生通过一定的努力公平地争取到这些角色，这样做有助于培养学生的竞争意识。只有通过艰苦的努力获得的角色，才会得到学生的珍惜，学生才能更好地履行角色所承担的职能，从而让其所担任的班级角色发挥出最佳的班级管理效益。

3. 让角色得到合理的分配

每个学生的个性都不一样，而且就算是同一个学生，其个性也是多面的。为了让角色效应的效益得到最大限度的发挥，根据角色与个性互补的原则，教师应该针对学生个性中存在的一些问题，鼓励学生去担任对他们来说具有挑战性的班级角色，让他们在具体的实践活动中得到不同程度的锻炼。这样做可以让学生个性上的不足得到一定程度的弥补，也对学生个性的健康发展有所帮助。

对于那些不善于人际交往，性格内向的学生，可以鼓励其担任宣传委员或体育委员的角色，对于自由散漫、好动活泼的学生，则可以鼓励其担任纪律委员等角色。虽然说这样做存在一定的“风险”，但是只要教师能合理引导，并对其进行适当的激励，他们就能做得很好。

4. 积极创立多种有益角色

在一个传统的班级中，由于班干部的编制比较单一，所以会导致班级角色的单一，这样一来就对学生个性的全面发展造成了限制。可实际上，一个班级中除了班干部这些角色，还存在一些非正式的班级角色，而某些非正式的班级角色又会对学生及他人造成不利影响。

所以，教师应该想办法尽可能多地创设一些有益于学生身心健康发展的角色，以此将学生的进取精神激发出来。

具体来说，教师应该多组织学生参加一些班级活动，内容方面应该丰富多彩，还应该多组织一些多种形式的兴趣小组，开展新颖、独特的实践活动。比如，教师可以鼓励或组织学生创办舞蹈队、足球队、读书小组、围棋小组等团体，广泛开展书法、美术、读书、体育、手工等比赛活动，只有这样才能创设出更多的班级角色，让每一个学生都可以在活动中找到一个最适合自己的项目，并担任最适合自己的角色，让他们在角色实践中不断得到提升。

第二章

帮你建立良好人际关系的心理学效应

印刻效应——第一真的很重要

【心理学词典】

印刻效应具体是指动物及人类对自己最初接触到的信息或对象会留下非常深刻的印象，这个概念由德国习性学家洛伦兹提出。

【心理学实验】

1910 年，德国行为学家海因洛特在一个实验中发现了这样一种有意思的现象：

刚刚出生的小鹅会本能地跟在自己第一眼看到的“母亲”的身后，但是如果它第一眼所看到的并不是自己的妈妈，而是其他动物，比如，一匹马、一头驴，它也会自动地跟在对方身后。更为重要的是，一旦小鹅对某个动物形成跟随反应之后，就不可能再对其他动物形成跟随反应了。也就是说，认定了一个对象后就不会再发生改变，可见这种跟随反应是不可逆的。

【心理学与生活】

印刻效应对人类的影响是非常大的，我们从一出生就会受到它的影响。如果一个人在婴儿时期过早地接触电视，那么他的大脑里就会刻上电视的印记，他会很喜欢看电视。时间一长，他对妈妈的声音的识别就会迟钝，就算是妈妈把自己看到或听到的事情说给他听，他也会无动于衷。这样的孩子身上还会慢慢出现一些别的特征，如不会说话；喜欢活动，没办法安静下来；喜欢看电视里的广告，会经常哼唱电视里的乐曲；独立能力差，生活不能自理；喜欢一些机械类的东西；知识面很广。

要想改变他不理睬妈妈的情况，就必须将妈妈的声音录下来，然后反复地放给他听，只有这样才能让孩子慢慢地回应母亲的呼唤，与母亲进行沟通交流。

此外，有心理学家认为，由于印刻效应对孩子的影响很大，所以经常与孩子接触的父母平时就一定要注意自己的言行，不要有不当的言辞和行为，否则会影响孩子正常的心理发展，甚至心理健康。

你仔细想一下就会发现，人类对“第一”真的很在意，我们对那些可以被称为“第一”的事物有着天然的兴趣，而且还有很强的记忆力，我们甚至都能背诵下来很多“第一”。比如，我国的第一块奥运金牌是许海峰获得的，第一个登上月球的人是阿姆斯特朗，中国第一位皇帝是秦始皇，美国第一位总统是华盛顿，等等，很少有人会记得第二个人。这就是最初接触信息的印刻效应的体现。

在日常生活中，我们同样对“第一”饱含深情，我们会记住自己第一个男友或女友，第一次约会，第一次独自出去玩，第一份工作，第一位教师，等等。可是我们一般对第二没什么印象。

印刻效应在爱情中也有体现，我们总是对第一次爱的人念念不忘。不过在最初的“印刻”中，这种感情是非常脆弱的，也很不稳定，还需要通过不断重复记忆来强化。经过一段时间的强化后，爱情中的印刻效应才会形成，而印刻效应一旦形成，我们就会不自觉地想起那个人，想忘也忘不了。

阿伦森效应——先贬后褒效果最好

【心理学词典】

阿伦森效应是指人们随着奖励的减少而渐渐变得消极，随着奖励的增加逐渐变得积极的心理现象。在日常生活中，人们最喜欢的是那些对自己的表扬、喜欢、奖励等不断增加的人，而最不喜欢在这些方面不断减少的人。该效应是由著名心理学家阿伦森提出的。

【心理学实验】

心理学家阿伦森做过这样一个实验：

他将参加实验的人分为四组，让这四组人对同一个人做出不同的评价，目的是了解这个被评价的人对哪一组最有好感。

第一组对这个人始终都是赞扬。

第二组对这个人始终都是否定。

第三组对这个人是先赞扬后否定。

第四组对这个人是先否定后赞扬。

对几十个人进行实验后，阿伦森发现大多数人对第四组是最有好感的，对第三组则是最反感的。

【心理学与生活】

阿伦森认为，人们之所以会喜欢对自己的表扬、奖励不断增加的人，反感与之相反的人，主要是因为挫折感在发生作用。因为从倍加赞扬到小的赞赏直到不再赞扬，这样的递减会让人产生一定的受挫心理。但是这样的挫折对普通人来说还是可以承受的，所以此时我们会表现得较为平静。可是当不被赞扬变成被否定的时候，我们心中的挫折感就会瞬间被放大，这对一般人来说是无法承受的，所以递增的挫折感是很容易让人感到不高兴或反感的。

此外，阿伦森效应还提醒我们：在日常生活与工作中应该努力避免因为自己的不当表现而让他人对自己的印象朝着消极方向转变，同时它也提醒我们在形成对别人的印象过程中，要努力避免因为阿伦森效应的影响而形成错误的态度。

最近吕刚挺烦的，他觉得从领导到同事对他都很不友好，也不爱搭理他了，这是怎么回事儿呢？

原来他刚进这家公司的时候，很自然地想要积极表现一下，给领导和同事留下一个好印象。于是，每天早上他都会提前来到办公室打扫卫生，保洁阿姨的工作负担明显减轻了不少。此外，他来得早走得却晚，每天都主动留下来加班，放假过节只要没啥事，他也会来加班，领导给他安排的工作他都会积极地完成，平时同事们有啥需要帮忙的，他也会尽力去做。

没过多久，领导和同事都夸他勤快能干，领导还慢慢地开始安排更重要的工作给他。可是他本身并不是勤快的人，领导安排给他的很多工作他也没办法做好，时间一长他就松懈了，也不早来打扫卫生了，工作上也不积极主动了，领导给他安排工作时也总是挑肥拣瘦。于是大家对他的评价急转直下，很多人都说他之前的好表现是装出来的，现在终于暴露本性了，觉得他不诚实，所以都不爱理他。最重要的是，领导对他也没好脸色了。这样突然的变化让他很难受，觉得自己在公司多待一天就多受一天的煎熬。

吕刚就是因为前后表现的巨大反差，让领导和同事对他的印象朝着消极的方向转变，他的不当表现导致了这种转变，领导和同事对其态度的转变又反过来影响了他。从另一个角度来说，当我们发现一个原本表现得挺好的人突然表现得不怎么好时，先不要急着否定对方，要认真了解一下其中的原因，然后再做判断。

如果我们能合理地对该效应加以利用，许多看起来比较复杂或难以被解决的问题，都会得到很好的解决。

比如，在教育孩子时，随着孩子年龄的增长，父母应该不断地对其进行鼓励，就算是要批评，也应该在批评之后说些鼓励的话。如果只是一味地批评，不仅会让孩子失去自信，也会让你和孩子之间的关系变得越来越糟糕。

再比如，现在很多人找工作时都愿意从低处做起，先降低身价找一份工作，然后在具体的工作中一步步地将才华表现出来，不断地带给领导惊喜，这样就能得到领导的认可。相反，如果你一开始就站在一个很高的起点，那你在工作中只要出现一点儿差错，都会让领导对你降低评价或改变印象，甚至导致他们对你失去信心。

阿伦森效应在恋爱中也有体现。有的人刚开始恋爱时因为想讨对方的欢心，所以总是挖空心思、用尽全力讨好对方。可是这样的讨好行为是很难持久的，随着时间的推移，他们就不会像之前有那么多甜言蜜语，也懒得讨好了。所以对方就会很不适应，觉得另一半不爱自己了，对自己一天不如一天，于是矛盾也就产生了。正确的做法是，在一开始要表现得平淡一点儿，只是正常交往，在交往的过程中再慢慢开始讨好，这样会让对方觉得你对他越来越好，最后成功走到一起。

不过由于每个人都喜欢不断地被赞美，所以很容易被一些赞美的话迷惑，很多时候我们根本不了解说话人的动机究竟是什么，只是因为他对我们进行表扬、赞美，或给了我们很多好处，我们就对其产生好感，结果很容易因此犯下错误。比如，那些擅长阿谀奉承的人之所以能受到重用，或者在职场上混得更好一些，不就是因为他们善于赞美别人吗?

当有人不断地赞美我们的时候，一定要保持清醒的头脑，认真分析他们的赞美是不是发自内心，有什么目的，不要被对方的好话给套牢了，以免陷入困境。

那么，我们该如何预防阿伦森效应带来的负面影响呢？首先，注意提高心理素质，增强心理适应能力。其次，对待来自周围的褒贬要保持平常心。

登门槛效应——提要求时要懂得循序渐进

【心理学词典】

登门槛效应又被称为“得寸进尺效应”，是指一个人一旦接受别人一个微不足道的要求，那么他为了避免认知上的不协调，或为了给他人留下前后一致的印象，很有可能会接受对方所提出的更大要求。这样的现象就好像登门槛时一级一级向上走，最后顺利地迈过高处的门槛。

【心理学实验】

登门槛效应是美国社会心理学家弗雷瑟和弗里德曼在 1966 年所做的“无压力的屈从——登门槛技术”的现场实验中提出来的。该实验是这样的：

研究人员派出一些人随机地访问一些家庭主妇，希望她们将一个小招牌挂在自己家的窗户上，结果这些家庭主妇都很高兴地同意了。过了一段时间后，这些人再次去拜访那些家庭主妇，提出希望将一个不但很大而且并不美观的招牌放在她们家的院子里，结果有超过一半的人同意了。与此同时，心理学家又让一些人随机访问了一些家庭主妇，直接向她们提出将不但大而且不太美观的招牌放在她们家的庭院里，结果只有不到 20% 的家庭主妇同意这么做。

类似的实验还有一个：

实验人员让助手分别到两个居民区劝说居民在自己的房子前面竖起一块写着“小心驾驶”的标语牌，负责第一个居民区的助手直接向居民提出这个要求，只有17%的人接受了要求。在第二个居民区，助手先是请各位居民在一份呼吁安全行驶的请愿书上签上自己的名字，结果几乎所有人都同意了。过了一段时间后，助手又向该居民区的居民提出了竖牌的要求，结果有55%的人接受了这个要求。

【心理学与生活】

在人际交往中，当我们想要求某人做一件比较困难或对方不太容易答应的事情时，可以先向其提出一些与之相关的小要求，这时候对方会比较容易接受这些要求，然后再向对方提出更大的要求，这时他拒绝的概率就会降低很多。因为他如果拒绝这个更大的要求，就会出现认知上的不协调，于是恢复协调的内在压力会让他继续接受要求或为我们提供更多的帮助。

登门槛效应在日常生活中的很多领域都有所应用，比如，在推销产品方面，一个成功的销售员经常会利用这种技巧说服顾客购买自己的产品。

李道林是某公司的金牌销售，他向客户推销产品时从来不会直接推销，而是先提出通常所有的顾客都能接受的小要求，比如，填写一份简单的市场调查问卷，然后再送给顾客小礼物，等等。就这样一步步地达到自己的目的。

其实，对一个销售员来讲，最难的并不是把商品卖出去，而是如何迈出第一步，如果能想办法让顾客接受一个小小的要求，那就代表你已经成功了一半。随后你就可以一个接一个地提出要求，直到达到最终目的。

在员工管理方面，如果能正确利用登门槛效应也能收到很好的效果，比如，你是一家公司的经理，当你想让一个下属去做一件比较难的工作，但是又担心他不愿意时，你就可以先安排他去做一件类似的，但比较容易完成的工作。同样地，对公司的新进员工来说，管理者不能一开始就对他们提出过高的要求，这样很有可能会因为难度比较大、任务难以完成而对其自信心造成打击。正确的做法是先提出一个小要求，只要他们比之前稍有进步就可以，等他们达成这个目标后，要对其进行鼓励，并逐步向其提出更高的要求。这样做会让新员工较为容易接受，心甘情愿地去做一项工作肯定要比心不甘情不愿要好很多，这样预期目标也比较容易实现。

在教育工作上，也可以对登门槛效应进行借鉴和利用，比如，对那些成绩比较差或在学习上存在困难的学生，教师不应该一开始就向其提出过高的要求，而是应该先提出一个比以前稍高一点儿的小要求，比如，之前考 59 分，现在只要求及格就可以了。当学生完成这个目标后对其进行鼓励，然后再一步步对其提出更高的要求，直到实现最终的目标。

此外，教师在制定目标时一定要考虑学生的心理发展水平及心理承受能力，应该针对不同层次的学生现有的发展水平进行分析，要根据不同层次、素质的学生的基础与表现制定不同层次的具体目标，让学生通过努力后能够完成该目标，从而让每个学生都能收获成功的喜悦。

在恋爱中，如果能正确利用登门槛效应，那么就能避免走很多弯路。比如，一个男生对一个女生有好感，如果直接让对方做他女朋友，很有可能会被拒绝，因为在没有经过深入了解的情况下，大多数女生是不会草率答应的。不过如果男生先提出加个好友，没事的时候聊聊天，估计没多少人会拒绝。然后男生可以邀请她一起看电影，或出去玩。慢慢互相熟悉之后，再提出想让其做自己女朋友的要求，对方答应的概率可能就会大大提高。

多看效应——越是熟悉的越喜欢

【心理学词典】

多看效应也被称为“曝光效应”，是指对越熟悉的东西越喜欢的现象。

【心理学实验】

20世纪60年代心理学家荣茨做过这样一个实验：

他让参与实验的人看了一些照片，有的照片出现了十几次，有的照片则出现了二十几次，有的却只出现了一两次。随后，他让看照片的人说出自己对这些照片的喜爱程度。结果发现，这些人看到某张照片的次数越多，就会越喜欢这张照片。所以他们最喜欢的就是那些他们看过二十几次的照片，可见看的次数增加了喜欢的程度。

另一个类似的实验是这样的：

在一所大学的女生宿舍楼，心理学家随机选了几个宿舍，给女生发不同口味的饮料，然后要求这几个宿舍的女生以品尝饮料为由在这些宿舍间来回走动，但是见面时不能交谈。过了一段时间后，心理学家开始询问她们相互之间喜欢的程度，结果发现她们见面的次数越多，相互喜欢的程度也就越高；相反，见面的次数越少或根本没有见过面，相互喜欢的程度就会比较低。

【心理学与生活】

多看效应不仅会出现在心理学实验中，在日常生活中我们也会常常遇到这种现象。比如，有的男性在追求女性时，总是想尽办法制造双方接触的机会，从而让彼此之间的熟悉程度得到提高，于是相互之间就产生了更强的吸引力，这样追起对方来自然就会更顺利。那些不善于制造接触机会的人，在求爱道路上会遭遇很多困难，甚至会被直接淘汰出局。

王涛平时喜欢读书，认识他的人都觉得他懂得挺多的，可是由于他不善言辞，所以并没有女生喜欢他。偶然的一次机会，他在某网站上发现了一个关于《巴黎圣母院》的读书会，正好这本书他也看过，就想去听听别人是怎么讲的，最重要的是参加活动能多认识人，万一能碰上心仪的女生呢。

在读书会上他果然遇到了一个心仪的女生，不过他并没有对她表示喜爱，因为他自知自身条件一般，贸然表白肯定会被拒绝。于是，他就开始多方面打听这个叫何琳的女生的消息，慢慢地，知道她是单身，大学毕业刚两年，做通信工作，平时经常参加读书会，几乎每场都来。于是他决定坚持参加读书会，这样才能和何琳多见面，多见面才会有机会。

从那天开始，他就跟着读书群的动态看书，每次读书会都参加。慢慢地，他和何琳开始有了接触，先是每次简短地说几句话，后来变成坐在一起讨论一些问题，再后来就变成可以一起吃饭、看电影了。结果一年后何琳主动跟他表白了，原来何琳已经习惯和他在一起的生活了。后来，已经成为他女友的何琳还告诉他：其实一开始见面的时候她觉得他挺普通的，印象并不好，可是后来随着见面的次数越来越多，她对他居然越看越顺眼，便对他有了好感，有时候还会觉得他在某些方面还是很有魅力的。

此外，对那些经常见到的人我们会不自觉地对其进行美化，发自内心地觉得别人都不如他们好，这也是多看效应在发生作用。

孙倩和张平是男女朋友，这天孙倩让张平给自己的好朋友李婷介绍个对象，张平想了一下后说："我们公司的孙浩还是单身，人也还行，要不撮合一下他们俩？"孙倩只见过孙浩两次，一听男友提起他，就撇着嘴说："他怎么可能配得上李婷啊？李婷那么漂亮，还是个才女。"张平听了说："孙浩也不差啊，收入稳定，性格好，不抽烟不喝酒，最重要的是现在不是没有合适的人吗？再说我觉得李婷也没你说得那么好啊。"

在日常生活中，我们如果想要提高自己对某个人或某些人的吸引力，就要多与这个人或这些人接触，也就是提高自己在他人面前出现的频率，这样就能增加别人对我们的喜欢程度。我们经常看到一些明星努力增加暴光度的新闻，其实这和多看效应也有关系，多暴光就能在媒体上多露脸，多露脸也就能多被观众看到，这样就会被更多的人喜欢，他们也就更"红"了。

而那些一遇到陌生人就犹豫、退缩的人，是不太容易让人喜欢的。这一点对于职场中的人尤为重要，如果我们总是封闭自己，不愿意在领导或客户面前多出现，那么我们在职场上是不会有什么大发展的。因此，我们要想在职场上有好的发展，就必须多和领导接触，比如，吃饭的时候礼貌地打招呼，去外地旅游回来带点小礼物，一起坐电梯的时候问候一声，开会的时候对领导多微笑，等等。只要你在遇到领导的时候不再低头走过，那就是一个良好的开端。

除此之外，我们还可以将多看效应应用到自己身上。很多人都喜欢看镜子里的自己，这是因为他们照镜子的次数比较多，比如，一个女生洗漱的时候要照镜子，出门前要照镜子，试衣服的时候也要照镜子，补妆的时候还要照镜子，这样看的次数多了，自然会习惯看镜子里的自己，也就会越看越喜欢自己。我们如果想要更爱自己，那就多照照镜子，多看看自己。

需要指出的是，多看效应也不是在任何时候都会发生作用的。在人与人之间，它发生作用的前提是双方互相的第一印象不能太差，如果第一印象很差，那么见得越多就越讨厌，这就会朝着完全相反的方向发展了。所以，与人见面的时候一定要保持良好的形象。

首先是外表，就算我们的颜值一般，也不时尚，但是起码要做到干净、整洁。其次，要让自己保持热情。热情的人会有一种让人无法抗拒的魅力，所以与人接触时应该主动热情，但是不能表现得太过卑微，这会让人看不起。

留面子效应——拒绝之后的让步

【心理学词典】

留面子效应是指人们在拒绝了对方一个较大的要求后，再接受较小的要求的可能性会大幅度增加的现象。所以，如果想要他人顺利地接受我们的要求，或增加别人接受我们所提出要求的可能性，那不妨先提出一个较大的要求，在被拒绝后再提出退一步的、真正的要求。

【心理学实验】

心理学研究人员查尔迪尼等人做过一项被称为“导致顺从的互让过程”的实验：

研究人员将参加实验的大学生分成两组，要求第一组大学生带着一些孩子去动物园玩，需要花费两个小时，结果只有1/6的大学生答应了这个要求。

对于第二组大学生，研究人员首先要求他们花两年时间去担任一个少年管教所的义务辅导员，由于大家都很清楚这是一项费时、费力的工作，所以几乎所有的大学生都拒绝了这个要求。接着，研究人员又要求他们带着一些孩子到动物园去玩两个小时，结果有一大半大学生接受了这个要求。

【心理学与生活】

心理学家认为，之所以会产生留面子效应，主要是因为当我们将别人所提的较大的要求拒绝之后，就会因自己没有为对方提供帮助而歉疚，这有损自己乐于助人、富有同情心的形象，同时也辜负了别人对自己的期望。于是为了恢复自己在他人心中的良好形象，同时也为了让自己的心理得到平衡，通常我们都会较为愉快地接受对方提出的第二个较小的要求。

在人际交往中，我们会很自然地选择给交往双方都能带来最大满足的行为，所以出于补偿心理，拒绝一个人后同意他提出的另一个小要求的可能性就会增加很多。

如果我们能有效地利用留面子效应，就比较容易实现自己的目标。比如，我们想向一个朋友借 1000 元，如果我们直接说："借我 1000 元行吗？"这时他很有可能会说："不好意思，最近我的手头有点儿紧。"不过如果我们先问他借 1 万元，这时他一定会拒绝，然后我们进一步提出："1 万元没有，那 1000 元可以吗？"他答应你的概率就会增加很多。

很多人买东西时都和商家砍过价，比如说，我们看中一条裙子，标价是 600 元，这时我们会说"太贵了，300 元行不行"，商家则会说"300 元太少了，再加点儿"。于是，我们就会说出一个比 300 元高一些的价格，商家一般也就同意了。这时我们会觉得自己占了很大的便宜，其实买的哪有卖的精明，实际上那条裙子最多也就值 300 元，商家一开始故意将价格标得很高，他知道我们一定会拒绝这个价格；但是第二次讨价还价时，我们拒绝的可能性就小了，所以最后商家还是没少挣钱，这就是商家对留面子效应的有效利用。

在教育实践中我们也可以利用留面子效应。比如，有些学生成绩很好，但是很容易骄傲，轻视别的同学，甚至对教师都不够尊重，很让教师头疼。对待这样的学生，教师应该先向他们提出一个比较高的要求或为他们制定一个较高的目标，通过这样的办法抑制他们的骄傲情绪，让他们认知到自身的不足。随后再向他们提出一个较低的要求或以较低的标准要求他们，鼓励他们一点点进步，由此让他们变得更加优秀。

需要说明的是，留面子效应并不是一定会发生作用的，它能否发生作用，还取决于双方之间的亲密程度及需求的合理程度。如果对方对你既没有责任，也没有义务，那他很难答应你做一些对他自己无益的事情。

吊桥效应——危险的环境能促进感情的发展

【心理学词典】

吊桥效应是指当一个人胆战心惊地经过吊桥时，心跳会不自觉地加快，如果这个时候碰巧遇到了一个异性，那么他就会将这种危险或刺激的环境所引起的心跳加快误认为是对方让自己心动，才会有这样的生理反应，从而对其产生好感，想要与其进一步接触。所以，在危险或刺激的环境下我们很容易对异性产生好感，由此触发爱情。

【心理学实验】

实验一：

研究人员让一位年轻漂亮的女士站在一座高 70 米的悬空吊桥上，吊桥来回摆动，让人害怕。这位女士站在桥上等着 18 ～ 35 岁且没有女伴的男性经过吊桥，她会告诉那些符合条件的男性，希望他们能够参与她正在进行的一项调查，然后向其提出几个问题，并将自己的电话号码留给他们，还说如果想要进一步了解相关情况，他们可以给她打电话。

然后，同样的实验在一座只有 3 米高的普通小桥上又进行了一次。

最终的结果显示，经过吊桥的很多男性都对那位女士产生了好感，后来大概有一半的人给她打过电话并向她表白，而在那座普通小桥上经过的16名男性中，只有两个人给她打过电话。

实验二：

研究人员让一些男大学生跑步10分钟后和那些没有跑步的男大学生一起看一个女大学生的照片或视频，然后让他们对照片或视频中的女大学生进行评价。结果显示，跑了步的男生能够更为强烈地感觉到女大学生的魅力，而没跑步的男生对女大学生的好感明显不如他们强烈，这就说明运动后的人更容易被异性吸引。也就是说，如果一个人在与人见面的时候精神处于紧张或兴奋状态，那他对对方的好感就会大幅度增加，这可能说明激动、惊慌与爱慕之间存在着紧密的联系。

【心理学与生活】

当我们处于危险情境中时，会不由自主地呼吸急促、心跳加速，这时如果遇到一个异性，我们会很自然地将这些生理上的表现归因为是异性导致自己意乱情迷，因为我们通常不愿意承认自己当时只是单纯的害怕而已。

我们在生活中或影视剧中会经常看到类似的场景，比如，一个漂亮的姑娘被几个歹徒劫持，这时突然有一个人出来英雄救美，于是最后这个姑娘就和英雄在一起了。为了躲避危险，一男一女拉着手在街上狂奔，随后彼此之间的感情就得到进一步的升华。玩过山车或看恐怖电影时，年轻的情侣会靠得更近。

所以，如果你对一个异性有好感，想要与其有更进一步的发展，那就要多与其一起做些惊险刺激的事，比如，爬高山、玩过山车、看恐怖电影等。这些都可以增进你们之间的感情。

不过需要指出的是，如果我们在一种危险的情境中对异性产生了好感，或者觉得自己心动了，那一定要认真考虑一下，这种心动究竟是吊桥效应在发生作用，还是真的心动了，真的有好感。很多时候，心动并不一定是爱情。如果我们不能确定，那最好还是不要急着做决定，先离开那个人几天，让自己清醒一下再做决定。

罗密欧与朱丽叶效应——越是阻止，感情就越强烈

【心理学词典】

罗密欧与朱丽叶效应是指当一对恋人的爱情受到外在力量的强烈干扰时（通常是亲人反对），这对恋人的感情反而会得到加强，关系也会变得更加牢固。

这个概念出于莎士比亚的经典戏剧《罗密欧与朱丽叶》，两个相爱的人因为两个家族之间的仇恨而遭遇巨大的障碍，结果他们非但没有分手，反而爱得更深了，直到双双殉情。

由此可知，罗密欧与朱丽叶效应的另一层意思是，越是禁止的东西，越是容易激发人的兴趣和好奇心，人们就越是想要得到，因此它也被称为“禁果效应”。“禁果”源自《圣经》中亚当和夏娃偷食禁果的故事。

【心理学实验】

美国心理学家布莱姆做过这样一个实验：

他找来一群志愿者，让他们在甲和乙之间选择一个自己比较有好感的。在低压力条件下，一个实验助理告诉志愿者“我们选择的是甲”；在高压力条件下，另一个实验助理告诉志愿者“我们都应该选择甲”。

实验结果显示，在低压力条件下选择甲的人有70%，而在高压力

条件下选择甲的人只有 40%。由此可见，如果选择是自愿的，人们倾向于增加自己对所选择对象的喜欢程度；而当选择是被强迫的时候，对选择对象的好感就会大幅度降低。

【心理学与生活】

心理学家德里斯科尔等人在对爱情进行研究时发现，来自长辈的反对力量越强，一对恋人也就爱得越深，不过如果他们因此而结婚，那这样的婚姻大多数都会以悲剧收场。

这种情况不仅出现在爱情中，同时还出现在生活的很多方面。总之，越是被禁止得到的东西，人们就越会想办法得到；得到的难度越大，其在我们心目中的地位就越重要，价值也就越高。为什么会出现这样的情况呢？

首先，当我们的自由受到限制时，我们就会很自然地产生不高兴、不愉快的情绪，而去做被禁止的事情可以消除这种不愉快的感觉。所以才会发生当有人命令我们不准做什么事时，我们偏偏要去做的情况，这也是我们常说的逆反心理。

其次，人们对那些没有办法知晓的“神秘事物”总是会有很强的好奇心，而这些事物对我们的诱惑力要比那些我们能接触到的事物大得多。

我们通常所说的“卖关子”“吊胃口”，就是我们对信息的完整传达的一种期待心理，一旦我们无法了解某些关键信息，从而导致这段信息出现空白，那么我们的内心就会强烈地想要了解缺失的关键信息。

一个人越是想要隐瞒一些信息或事实，就越是会激发人们的好奇心，人们就会千方百计地试图了解这些信息。

比如，在一些涉及公众利益的问题上，我们所害怕的不一定是已经确定的事实，而是自己不确定、不了解的事情，这时候我们就会想办法了解真相。如果了解了真相，我们反而不会害怕，封锁消息只会加剧流言的传播，从而引起公众的不安。

在学生的教育上，禁果效应也普遍存在，比如早恋问题。很多教师、家长都采取严厉的手段禁止学生早恋，比如，对学生进行严厉的批评，强制恋爱双方断绝往来，或是对其进行全面的监视。结果，恋爱中学生的感情变得越来越好了，有的人甚至会选择私奔。

现在很多学校在性教育方面还是极力遮掩着，生怕学生了解这些之后做坏事，而且家长也是谈“性”色变，把“性”搞得很神秘。缺乏科学性知识的青少年可能就会对性充满了好奇，想要尝试，结果造成了很多悲剧。

在涉及学生教育的一些问题时，最好不要硬性禁止，而是要善于进行疏导，因为强硬的禁止只会增加学生的好奇心，让他们在相反的道路上越走越远。

值得一提的是，如果我们能正确利用禁果效应，也能取得积极的效果。印度有一座叫加娜庙的古庙，寺庙并不大，游人从庙门前经过时看一眼，就能将庙里的东西尽收眼底，所以没有几个人愿意买票进去观光。时间长了，因为入不敷出，寺庙只好关门，不再对外开放了。随后，让人意想不到的事情发生了：有的游客走到庙前时，经常会趴在关闭的大门上透过门缝向里面看，不过也只能看到一堵墙和一棵树而已，其余的都被门挡住了。但就算是这样，仍然有源源不断的人趴在那里往庙里看。庙里的和尚得知这个情况后进行了统计，结果发现那些趴在门上往庙里看的游客要比之前买票入庙观光的人多几十倍，和尚非常吃惊。

随后，这座庙又打开大门对外开放，不过他们在大门的里面修建了一道影壁，遮挡人们的视线，而且还故意把几间房子锁上，只留一些缝隙让游客观看。其实里面都是些简单的东西，比如，泥菩萨、床、衣服等。不过即使是这样，还是有很多游客愿意买票进来参观。

上面这个故事可以看作禁果效应在营销上的成功应用，其实生活中这样的应用还有很多，在此就不一一列举了。

最后，再回到恋爱男女面对父母阻止这个问题上。虽然青年男女在恋爱上都想遵从自己的心愿，想要自由恋爱，这是无可厚非的。可有时候父母的反对也是有一定道理的，毕竟他们比我们的阅历丰富，在很多事情上都更有经验，所以当他们对我们的恋情提出反对意见时，我们不妨冷静地坐下来和父母一起交流一下看法，而不是一味地强硬抵制父母的干涉，更不能因为父母的反对就做出过激行为。这样不仅会伤害父母的感情，还很有可能对自己造成伤害。何况因为受到外界压力而升温的爱情通常是难以经受现实考验的，两个人只要遇到一些挫折，或发生一些矛盾，感情就很容易产生裂痕，所以千万不要为了赌气而去爱一个人或者草率地与一个人结婚。

同样地，父母在反对子女与某人在一起时，也一定要注意方式、方法，不要太过强硬，正确的做法应该是动之以情、晓之以理，绝对不能当众批评、训斥甚至是羞辱子女，这样只会让事情朝着相反的方向发展。

地位效应——地位越高越容易被认同

【心理学词典】

在心理学中，我们将由处于不同地位的人提出的意见、方法产生不同效果的现象称为“地位效应”。

【心理学实验】

美国心理学家托瑞做过这样一个实验：

他让军用飞机场的空勤人员，包括领航员、驾驶员、机枪手等成员在一起讨论解决一个问题，每个人必须先提出自己的解决方法，最后再将所有人都同意的方法记录下来。结果发现绝大多数成员都同意领航员的方法，而很少有人同意机枪手的意见。当领航员有了正确的方法后，大家会100%同意；而当机枪手有了正确的方法时，只有40%的人同意，这进一步证实了地位效应的存在。

【心理学与生活】

在现实生活中，我们经常会遇到这样的现象：那些地位高的人提出的方法或意见总是很容易得到多数人的认同，他们的意见也很快能得到执行；而地位低的人所提出的意见或方法就算是正确的，或与地位高的人提出的方法一样，也很少会被人认同，更不要说执行了。

刘鹏在一家生产纺织品的公司上班，他是个典型的技术男，而且人很正直，有什么看不惯的就一定会说出来，因此经常受到排挤，领导也不喜欢他。

有一年，他因为看不惯上一个公司部门经理的一些作为，就公开批评他，最后那个经理虽然被调走了，可他还是受到同事们的排挤。新来的经理也不喜欢他，时间一长他觉得没意思，就跳槽到了另一家公司。

新跳槽的这家公司也是生产纺织品的，因为刘鹏之前做过三年的纺织厂空调运转工作，对车间的温湿度调节有比较丰富的经验，所以他一来公司领导就安排他到车间负责温湿度调节。工作了一段时间后，他发现车间的空调设备因为功率不足导致车间的湿度不够，造成车间飞花、纱线毛羽较多等诸多问题。

当他了解到公司不会在短时间内更换空调设备后，他就提出在车间进行人工洒水，觉得这样可以暂时解决上面提到的那些问题。不过这个提议却被厂里领导直接否决了，理由是在地上洒水会破坏地面的光洁度，而且领导怕细纱机台遇水之后会生锈，就这样他的提议被搁置了。

后来，工厂来了一位生产部经理，这个人与刘鹏一起工作过挺长时间，和他做同样的工作，不过因为人际关系处理得好，所以在原来的公司就是主管生产的经理。这个生产部经理来了之后也很快发现了同样的问题，于是就提出了与刘鹏相同的建议。

让刘鹏感到意外的是，厂里领导马上采纳了这个建议，不但配备专人三班倒负责洒水，而且配置了专用的洒水车。

同样的建议，一个被否决，一个被采纳，最根本的原因就是一个是普通员工提的，一个是部门经理提的。这就是地位效应在职场上最直观的表现。

那么，为什么会产生地位效应呢？主要有以下几点原因。

首先，位高者与位低者所掌握的信息量是不一样的，位高者掌握的信息不但多，而且还是经过分析过滤之后高质量的、最有价值的信息，所以他说的话自然就有分量。加上他身居高位，人们对他说的话自然就会关注，再加上有些人的刻意奉承，他的话很容易被认同、赞赏。而身居低位的人掌握的信息毕竟是有限的，有些信息还是小道消息，再加上其静下来思考的时间一般并不多，精力也有限，所以他说的话一般就不会受到重视，也不会产生什么影响。

其次，人们总认为那些地位高的人有着丰富的经验、过人的才华、高超的智慧，所以就对他们非常崇拜、信任，会把他们说的话看作真理，不会怀疑其中是不是有错误。而地位低的人则会被当作普通人，甚至是不如自己的人，在这种的情况下，人们又怎么会相信他们所说的话呢？

最后，地位高的人通常都拥有名气、财富或权力，这就会让人很自然地生出一种遵从感。此外，在很多情况下，要想达到目的，比如晋升，人们就必须信任、遵从位高者，否则就会产生一种不安全感、恐惧感和失落感。而且有时为了避免一些麻烦，人们也会屈从于位高者。但对于处于低位的人我们是不害怕的，也是无所求的，所以我们就会忽视他们的意见，会表达出真实的想法。因为这样做并不会给自己带来什么麻烦，所以我们常说“人微言轻”。

在日常生活中，地位效应对我们的影响较大，尤其在职场上。比如，有的人在遇到问题时总是习惯性地说“这个问题问一下领导就好了”，也就是说，他总是习惯性地问地位高的人。虽说这样做有一定的道理，但是由于地位高的人身边总会有一些溜须拍马的人，时间长了，就会让地位高的人高估自己的能力，从而提出一些不切实际的方法。所以我们对地位高的人提出的一些方法和措施，还是要认真研究，不能盲目遵从。

此外，我们还要有自己的看法和见解，只能将他人的意见和建议作为参考。如果你的地位较低，但对某些问题又确实有解决的好方法，为了避免它们胎死腹中，就一定要想办法与地位高的人沟通，与他们一起论证，赢得领导的支持。只有这样你的建议才能得到执行。

需要注意的是，一定要注意领导的感受，不要太过表现自己、突出自己，要学会站在领导的角度考虑问题，不要总是按照自己的想法行事。在领导面前一定要保持谦虚，要多向领导请教问题，请领导指正自己在工作中存在的不足，这样才能更好地开展工作。如果不能和领导搞好关系，那就算你有再多的好建议都没用。

身居高位的人也要注意冷静地对待下属的赞美，不要真的认为自己什么都懂，什么都能解决，要多听下属的建议，并让他们充分发表意见，避免“一言堂”的情况出现。

卢维斯定理——处理好谦虚的尺度

【心理学词典】

卢维斯定理是由美国心理学家卢维斯提出的，其含义是谦虚并不是要将自己想得很糟糕，而是完全不去想自己。另外，如果将自己想得太好，就很容易把别人想得很糟。

【心理学与生活】

故事一：

梅兰芳先生是享誉中外的京剧大师，不过他从来不曾因为自己取得的成绩而骄傲。有一次他在表演京剧《杀惜》时，现场的很多观众都连声叫好，不过有个老先生高声说了句“不好”，正好被梅兰芳听见。演出结束后，他来不及卸妆换衣服，就坐上车把老人接到了自己家里。然后，他非常恭敬地对老人说：“说我不好的人就是我的老师，先生说我不好，就一定有高见，还请不吝赐教，学生一定会亡羊补牢。”

老人听他这么说也很感动，就说：“阎惜娇上楼和下楼的台步，按照梨园行的规定应该是七上八下，您怎么是八上八下？”梅兰芳听后恍然大悟，承认确实是自己错了，并连声道谢，从此以后他就经常请这位老先生看戏，给自己指正，还尊敬地称他为“老师”。

故事二：

诺贝尔奖设立者阿尔弗雷德·诺贝尔一生做出很多贡献，可是他非常谦虚。有一次他的哥哥想编一部家族史，要他寄一份自传给自己，结果他写的自传是这样的：

“阿尔弗雷德·诺贝尔，当他呱呱坠地时，他那可怜的生命差点儿断送于一位仁慈的医生之手。主要的美德：保持指甲清洁，从不累及他人。主要的过失：没有太太，脾气很坏，消化不良。唯一的愿望：不被人活埋。最大的罪恶：不祭拜财神。生平重要事：无。”

哥哥觉得他这么写也太儿戏了，就反复劝他，并且表示可以帮他整理相关资料，可是他坚决不同意。他说：“我不只是没有时间，最根本的原因是我不能写什么自传。在茫茫宇宙之中，有恒河沙粒那么多的星球，而无足轻重的我们，有什么值得去写呢？”

上面这两个故事告诉我们要谦虚，而我们从小受到的教育也告诉我们“谦虚是一种美德”，做人做事要谦虚，在这一点上大家是有共识的。也就是说，人不能骄傲自大，不能把自己想得太好，把别人想得太糟糕，从而轻视别人。

很多人总是错误地认为谦虚就是将自己想得很糟糕，当有人向其请教一些事情或问题，或想要安排其执行一些任务时，很多人都会习惯性地说：“这事我不懂啊，我也没什么把握啊，我尽量试试吧。”等。好像不这样表达就不够谦虚，有时对于有些事，他明明能做好，明明非常有把握，也会“谦虚”地表示自己不太擅长，担心别人给自己扣上不谦虚的“大帽子”。这样的谦虚会让我们丢失大量机会，因为很多时候别人会觉得你没有信心，从而不放心让你做事。所以，该表现的时候就一定要表现，要把握好谦虚的尺度。

真正的谦虚并不是贬低自己、抬高别人，而是要对自己有一个清醒的认知，要从容、客观地看待自己的优点和缺点。这就是卢维斯所说的“不要把自己想得太糟糕”的真正含义，而且如果将自己想得太糟糕，时间长了就很容易丢失自信，变得自卑。而他说的“完全不去想自己”，是指在面对一件事或一个问题时完全忘却自己，进入忘我的精神境界，不在乎别人的看法，不再受到个人利益的阻碍和干扰，完全从问题和事情本身出发，怎样有利于问题的解决就怎样去做。绝对不会明明知道却说不知道，明明能做好却说自己做不好，也不会不懂装懂，知道就是知道，不知道就是不知道，一切从实际出发。

改宗效应——有时“反对者”更受欢迎

【心理学词典】

美国社会心理学家哈罗德·西格尔研究发现，如果一个观点对一个人非常重要，那么如果他能用这个观点去说服一个与自己观点不同的“反对者”改变自己的观点，而与他的观点一致，那么他就会更倾向于喜欢这个“反对者”，而不是喜欢那个一开始就同意自己观点的人。简单来说，就是人们喜欢那些在自己的影响下改变观点的人的程度，要比那些一直赞同自己观点的人的高。因为人们通过辩论或做一些事让对方改变观点时，会觉得自己是有能力的，会因此产生很大的成就感，这个发现被称为“改宗效应”。

【心理学与生活】

我们的身边一定会有那种“老好人”，他们性格温和、做事厚道，不管别人说什么都不会反驳、不愿意得罪人。按常理来说，这样的人应该很受人欢迎才对，可实际上“老好人”不太容易得到别人的尊重与喜爱，因为他们会被认为是墙头草，让人觉得一点儿主见都没有。最重要的是他们会被认为是没有挑战性的，更无法给人带来战胜挑战后的满足感。

相反，那些经常和我们唱反调的人却容易得到我们的尊重与喜爱，尤其是在我们将其说服，使其同意我们的观点后。生活中有很多这样的例子。

比如，我们做了一个方案，大多数人都说很棒，可就有一个人说有问题，这时我们所在意的肯定是这个说自己方案有问题的人。这时我们就会努力让他改变观点，认可自己，如果最终他认可了我们的方案，那么我们心里就会越发尊重他，下次有什么事我们就会优先考虑他的意见，而不会考虑那些一直附和我们的人的意见。

一个美女有很多人在追，可就是有那么一个人对她爱搭不理，而且还处处和她作对。这时美女会怎么办呢？当然是想尽办法降服这个和自己作对的人，因为这个人引起了美女的好奇心和征服欲。美女会想“他为什么不喜欢我，是我哪里不够好，还是他眼光太高？你既然不喜欢我，那我就一定要你喜欢我”。就这样，她对这个男生的好感会越来越强烈，直到两个人走到一起。

很多人在恋爱中都有过类似的经历，当一个男生对一个女生发起正面进攻完全不起作用后，会进入反对者的阵营。因为反对者毕竟少，也容易引起对方的注意，所以成功的机会比较大。

当我们发表了一个观点，身边的人全都沉默或附和时，其实我们并不会有多大的成就感。但是如果有一个强烈地反对我们的观点，而我们又当着大家的面说服了他，那种成就感会让我们非常开心，而我们对这个人也会更加在意。

为什么那些“反对者”会受人重视，而总是说“是”的“老好人”却会被人轻视呢？这一切都是因为改宗效应在起作用。现在我们来重点了解一下导致改宗效应产生的原因。

从个人情感角度来说，每个人都希望自己是特别的，而且希望自己能够得到别人的特殊对待。那些“老好人”对谁都很好，所以我们对他们来说并不是特别的一个，就算他们对我们很好，我们也会下意识地觉得这样的“好”是不够珍贵的，是容易得到的。

而那些平常非常高冷的人如果有一天对我们很好，我们一定会感到惊喜，因为我们知道高冷的人是不会轻易对人释放温暖的，但是他们一旦对人付出真心，那这份真心就是非常珍贵的，因为在他们心里我们是特别的一个。同理，当别人都在附和我们时，突然有一个人出言反对我们，那我们一定会觉得他很特别，就会特别注意他。

从成就感方面来说，如果我们能通过自己的努力，比如，辩论、讨论，让那些和我们意见、立场不同的人改变原有的立场或意见而认同我们，我们就能获得巨大的成就感。

而“老好人”因为一直站在我们这一边，从来都没有反对过我们，对一件已经习惯的事我们又怎么会有巨大的成就感呢？

从人的个性方面来说，那些有着自己独立的个性，做事坚持原则，敢于表达自己观点并且能坚持自己观点的人，会散发出一种独特的魅力，这样的人容易获得他人的欣赏。而如果我们能够影响这样的人，让他们改变观点和立场，那么我们就得到了有魅力的人的认可，这肯定是让人骄傲的事。

而那些“老好人”在我们眼里是根本没有个性的，得到他们的认可也就不是一件值得骄傲或让人高兴的事了。

既然“老好人”这么不受人待见，那我们就不要做“老好人”了，正确的做法如下。

1. 确立自己的边界

所谓边界，就是一种尺度，即给自己规定一个范围，属于这个范围内的事情我们可以考虑去做，不属于这个范围内的事情就要果断拒绝。有了明确的边界后，我们就不会犹豫和纠结，做事就不会前怕狼后怕虎。而且有了明确的边界后，我们在外人面前表现出来的形象就是有主见、有原则、有立场的，这样我们也就更容易赢得他人的尊重。

2. 勇敢地表达自己的观点和诉求

建立持久、健康的人际关系的开端是表达自己的观点和诉求，只有将心中的想法表达出来，让对方知道，我们在他人眼中才算是一个有着自己观点和诉求的独立个体。这样我们才能得到平等地和别人交流的机会，要不然我们在别人眼中是没有存在感的。

3. 做人做事应该有所选择

选择对某些人友好，选择和一些人做朋友，选择去做一件事而不做另一件事。这个选择是很重要的，因为在选择的过程中，我们为人处世的原则和标准就会表现出来，而做出这些选择以后得到的结果就是一个负责任的结果。这会给人带来一种安全感，因为人们会本能地倾向于相信这个结果是我们深思熟虑后的结果。

出丑效应——最受欢迎的是优秀但有小缺点的人

【心理学词典】

出丑效应也称为“犯错误效应”“仰巴脚效应”，即那些才能平庸的人固然不会被人喜欢，那些一点儿缺点都没有的人也不会让人喜欢，最讨人喜欢的人是那些优秀但是又有些小缺点的人。

【心理学实验】

心理学家艾略特·阿伦森做过这样一个实验：

他把四段情节类似的访谈录像分别放给测试对象看，第一段录像中播放的是一个非常优秀的成功人士在接受访谈，他在其所从事的行业里取得了不错的成绩。他在接受采访时态度非常自然，而且谈吐不凡，非常自信，丝毫没有感到羞涩。他的表现不断赢得观众的掌声。

第二段录像中接受访谈的也是一位非常优秀的人，不过他在接受访问时略微有点儿害羞。当主持人向观众介绍他的成就时，他非常紧张，居然把桌子上的咖啡给碰倒了，结果把主持人的裤子都给弄湿了。

第三段录像中接受访谈的是一个非常普通的人，不像前面两位那样曾获得优秀的成绩。在接受采访时他虽然不太紧张，但是也没有发表什么吸引人的言论。

第四段录像中接受采访的人也是一个很普通的人，在接受采访时他表现得非常紧张，他也把咖啡碰倒了，同样弄湿了主持人的裤子。

测试对象看完这四段录像后，阿伦森让他们从上面四个人中选出一个自己最喜欢的以及一个最不喜欢的人。结果显示，四个人中最不受欢迎的是第四段录像中的普通人，几乎所有的测试对象都选择了他；而大家最喜欢的却不是第一段录像中的成功人士，而是第二段录像中那个打翻咖啡的成功人士，有 95% 的测试对象都选择了他。

【心理学与生活】

我们经常说"金无足赤，人无完人"，世界上根本不存在完全没有缺点的人。不管多伟大的人身上都有缺点，也都会犯错误，就算是诸葛亮那样的智者也曾因为错用马谡而失去街亭。不过正因为他有缺点，会犯错，他才是一个真实的人，才会受人敬仰，被人喜欢。相反，如果一个人非常完美，学习刻苦，工作勤奋，长得还很帅，又充满爱心，脾气还很好，一点儿缺点都没有，那这样的人真实吗？你会喜欢这样的人吗？你愿意和这样的人相处吗？很明显不会。

为什么非常优秀、没有缺点的人不会被人喜欢？对于这个问题，心理学上有两种解释。

一种解释是从人的自我保护角度出发，认为人在通常情况下都喜欢有才能的人，而且才能与被喜欢的程度是成正比的。可任何事都有一个度，如果一个人能力太强，强到让人觉得自己卑微、无能时，事情就会朝着相反的方向发展，此时我们就会由喜欢变成不喜欢，甚至是厌恶。因为我们首先会对自我价值进行保护，没有谁会去挑一个总是提醒自己是无能和低劣的对象来喜欢的。相反，一个能力出众，但是有些小缺点或会犯些小错误的人则不会给人太大的压力，给他人保护自尊留有余地，因此能赢得更多人的喜爱。

另一种解释是太过优秀的人会给人一种不真实、不容易亲近、高冷的感觉，人们对这样的形象其实并不会真正的喜欢和接纳，我们对这样的人通常会下意识地敬而远之。而偶尔的失误或表现出来的一些小缺点则有可能打破人们的看法，会让优秀的人变得更真实，更接地气。

所以，优秀的人如果偶尔出一点儿丑，表现出一点儿小缺点，犯一点儿小错，不但不会影响他的人际吸引力，反而会使他得到更多人的喜欢。

不过需要注意的是，虽然偶尔出一点儿丑可以让优秀的人更受欢迎，但不是说优秀的人要故意出丑来哗众取宠，而是不应该过分地追求完美。当我们不小心犯错误时，要平静地接纳这个事实，要学会接纳有缺点、会犯错的自己。

出丑效应带给我们很多启示，一个十分优秀、受人尊敬的管理者如果当众犯了一点儿小错，这时他的下属在感情上一定会更亲近他，信任他，不过前提是他真的优秀且又值得被尊敬。所以管理者要想让员工更加信服自己，那么就应该在犯了一些无伤大雅的小错误时坦然地接受和承认，没有必要煞费苦心地掩饰。

在教育上，教师如果在学生眼中是有魅力的，那就会对学生产生吸引力，教师的魅力越大，对学生的吸引力也就越大，学生就会越发信任教师。那么如何提升魅力呢？一名优秀的教师如果在教学过程中偶尔写错字，或记忆不准确，再或者是出现一些细小的行为偏差，则会让学生感到教师更加富有人格魅力。所以，教师对自己所犯的一点儿小错误大可坦然地接受。

出丑效应给我们最大的启示就是，在生活与工作中不要过分地追求完美，要坦然接受自己的小错误、小缺点。一个人不可能把什么事都做到最好，所以在工作上应该重点发挥自己的特长，不要追求面面俱到，如果你是技术人员，那就要把技术工作做到位，别的事少操心。在人际交往中，要充分发挥自己的魅力，但是不要刻意地包装自己，不要掩盖自己的缺点，而是把真实的自己呈现给对方。

需要指出的是，出丑效应并不是万能的，它直接受到性别角色、犯错误的严重程度、自尊心和相似性的影响。

在性别方面，男性更喜欢那些犯了错误的优秀人才，女性则更喜欢能力出众且不会犯错的人。

在犯错误的程度上，如果一个人犯的错误或出现的失误很小，小到几乎可以忽略不计，比如，碰倒了杯子，杯子里的咖啡却没洒出来，那么出丑效应是不会发生作用的。

在自尊心方面，拥有中等自尊的人更喜欢优秀且会出现失误的人，而那些拥有低自尊和高自尊的人则更加偏爱能力出众且完美的人。这种现象表明，人们的喜好受到其自我价值保护心理的影响：拥有低自尊的人由于与能力出众的人相差甚远，双方之间的距离要更大一些，这样反而能够减少相互比较而产生的心理压力；拥有中等自尊的人因为觉得自己与能力出众的人差得不是很远，他们犯了错误，则会拉近双方的距离；拥有高自尊的人觉得自己与才能出众的人是一样的，所以根本不需要通过对方的错误或缺点来让自己的内心得到平衡。

在相似性方面，如果那个出丑的人的看法、意见和我们很像，那么我们会更加倾向于轻视或贬低对方，这时出丑效应也是不适用的。

古德曼定理——聆听比诉说更重要

【心理学词典】

古德曼定理是由美国加州大学心理学教授古德曼提出的，其内涵是没有沉默，也就没有沟通。

【心理学故事】

从前有个小国派使臣向大国的国王献上了三个小金人，使臣在献上小金人的同时还提出了这样一个问题：这三个小金人哪一个是最有价值的？

国王听了之后，马上找国内最有名的珠宝大师来对这三个小金人进行鉴定，结果发现它们不管是重量、做工都是一样的。这让国王很恼火，心想如果连这么一个简单的问题都解答不出来，那岂不是会贻笑大方？

于是他秘密地询问大臣，想看看他们知不知道答案，最后有一个公认的有智慧的大臣说他知道答案。

于是国王把使臣找了过来，那个有智慧的大臣当着使臣的面拿出三根稻草。他先拿起一根稻草插入第一个小金人的耳朵里，结果这根稻草从另一只耳朵里出来了。接着，他又拿起一根稻草插入第二个小金人的耳朵里，结果这根稻草从嘴巴里掉了出来。他拿起最后一根稻草插入第三个小金人的耳朵里，稻草却没有出来。

于是大臣对使臣说："第三个小金人的价值最高。"使臣听了之后，漠然无语，因为大臣给出的答案是正确的。

【心理学与生活】

上面这则故事告诉我们一个道理：具有价值的人，不一定是最能说的人，而是那些闭上嘴巴善于倾听的人。我们天生有两只耳朵，一张嘴，这就是要我们学会少说，多听。

生活中最受欢迎的人并不是说个不停的人，而是愿意静静地听人说话的人。像古德曼定理所说的那样，如果没有人静静地倾听，大家都忙着诉说，那就会无法沟通，因为根本没有人去听诉说的人说话，这样一来诉说也就变得毫无意义。

所以要想有效地与人沟通，就要静下心来听人说话。不过倾听也不只是简单地带着耳朵去听，它是一门艺术，需要注意很多方面，需要我们全身心地去感受对方在谈话过程中所传达的信息，必要时还要积极回应对方。认真的倾听可以帮助我们更好地了解一个人，从而帮助自己建立良好的人际关系。为了获得一个良好的沟通效果，我们有必要了解一些倾听的技巧。

1. 尽可能消除干扰

这里所说的干扰包括内在的干扰和外在的干扰，要将注意力完全放在对方身上。只有这样才能在听清对方所说内容的同时掌握对方的肢体语言，了解对方的真实意图。

2. 适时做出反馈

对方说了一段时间后，适时地对对方所说的话给予准确的回应，这样会激励对方继续说下去。你可以重复他的观点，或表示对他的支持和理解。

3. 要避免一些不良习惯

比如，在听对方说话时不能集中精力想别的事，随意打断别人的谈话，故意将话题引到自己的事情上，任意做出评论或表态，等等，这些都是不尊重对方的表现。

4. 要鼓励对方先开口说话

这样做会让对方觉得我们很尊重他的意见，有利于建立融洽的人际关系，还可以有效地降低谈话中的竞争意味。此外，让对方先表达，我们就有机会在表达自己的意见之前先掌握与对方一致的地方，这样对方所说的话也就更容易被我们接受了。

5. 要有耐心

这主要表现在以下两个方面。

一是别人所说的内容通常都是和心情有关的，所以一般比较零散或混乱，而且逻辑性不强或观点并不突出。这时千万要耐心听对方把话说完，听完之后我们自然就能知道对方究竟想说些什么，否则会很容易理解片面，从而产生不好的效果。

二是对方对一些事情的观点和看法可能是我们无法接受的，我们可以不同意他们的观点，但是我们应该耐心地试着去理解对方的心情或立场，听他把话说完，这样才能达到倾听的目的。

6. 认真听取关键词

这里所说的关键词是指那些描述具体事实的字眼，这些字眼会透露出一些具体信息，同时也显示出对方的情绪和兴趣。通过这些关键词，我们可以了解对方感兴趣的话题。此外，我们如果在向对方表达自己的想法或提出一些问题时，加入对方所说的关键内容，对方就能感觉到我们对他所说的话是感兴趣的。

7. 读懂暗示

很多人在与人交流时不会直接说出自己的想法或意见，而是运用一些叙述或疑问来进行暗示，以此表达内心的看法和感受。可是这些暗示会对沟通造成阻碍，很容易让人误解，甚至会引发言语上的冲突。所以当我们听到一些暗示性很强的话时，一定要鼓励对方把话说得更清楚一些。

8. 抓住重点

抓住对方谈话的重点并且把注意力放在重点上面，可以帮助我们较为容易地从对方的观点中找到问题所在。

赫洛克效应——要及时做出评价

【心理学词典】

赫洛克效应是指及时对工作结果做出评价，能够强化动机，对工作起到促进作用。此外，适当进行表扬的效果要明显比批评好，而批评的效果要比不做出任何评价好。

【心理学实验】

实验一：

心理学家赫洛克做过一个实验，他将参加实验的人分成四组。

第一组是表扬组，每次当他们完成一定的工作后，研究人员就会对其给予表扬和鼓励。

第二组是受训组，每次当他们完成一定的工作后，研究人员就会对他们进行批评。

第三组是被忽视组，他们完成工作后研究人员不会对他们做出任何评价，但是会让他们听到研究人员对表扬组和受训组做出的评价。

第四组是控制组，他们与前三组是隔离的，而且研究人员也不会对他们做出任何评价。

结果显示，前三组的工作成绩都要比控制组好，而表扬组和受训组的成绩则要明显好于被忽视组，表扬组的成绩是最好的，并且处在不断上升的过程中。

实验二：

彼得·巴勒是某马戏团的驯兽师，他也做过一个类似的实验：

第一种方法：在训练小狗进行表演时，如果小狗做错了动作，他就会对小狗进行鞭打和责骂，让它知道做错事情一定会被教训；而当小狗做对了动作时，他不会有任何表示。

第二种方法：当小狗做对了某个特定的表演动作时，他就会去抚摸它、赞赏它，或给他一块肉，或逗它玩一会儿。

巴勒发现第二种方法的训练效果要比第一种方法好很多，小狗会更容易掌握各种表演动作，同时也更愿意配合他。

【心理学与生活】

赫洛克效应给我们的生活与工作带来了一些有益的启示，也包括在教育孩子方面。在教育孩子的过程中，家长或教师如果发现孩子在某个方面有进步或做得不错，那就要及时对其进行积极的评价，比如，孩子主动完成了作业，而且比平时提前了一个小时，这时就要对孩子说："你今天表现得真不错，要继续保持。"当然，如果孩子做错了，也要及时批评指正，告诉他正确的方法，不能对孩子的行为不做任何评价，更不能对孩子不闻不问。这会让孩子觉得家长或教师根本就不关心他，这样他就会对学习彻底失去兴趣。而及时对孩子的行为做出评价，就能够强化孩子的学习动机，起到促进学习的作用。

在教育孩子的过程中要多鼓励，少批评，因为鼓励、表扬对学习的促进效果要明显强于批评、训斥。大量的事实表明，对孩子的鼓励、表扬和信任能够激发孩子的上进心与自尊心，不过表扬孩子时也要注意时机和分寸，不能过度。

对孩子也不能完全不批评和不惩罚，必要的惩罚和批评可以控制并改变孩子的不良行为。但是惩罚和批评也要适时、适度，要让孩子明白自己为什么受罚，并且要让他学会改正错误。

所以在教育孩子的过程中要善于运用表扬和批评，并把握好度。表扬、奖励时不能夸大其词，批评、惩罚时要及时、慎重，不能嘲笑、讥讽。要想让惩罚和表扬真正发挥作用，关键要做到理解和尊重。同时要注意表扬和惩罚的比例，从心理学的研究结果来看，当奖惩的比例为 5∶1 时效果是最好的。

同样地，我们对身边人的行为也要及时做出评价，不可以不闻不问。如果你是管理者，每当员工完成一项工作时，都应根据实际情况做出适当的评价，做得好就鼓励、表扬，做得不好就批评、惩罚，只要是客观的评价，都会起一定的作用。

如果你是个普通职员，老板做了一件对你有帮助的事，你一定要及时对其表示感谢，要让他知道你对他所做的事心存感激，这样他才会更加积极地做下去。如果没有回应，那他可能就不会再做这样的事了。比如下面这个事例。

今年张超取消了公司一年一度的旅游，员工们心里都不舒服，不过没有人出面反对。张超的朋友听说这件事后，就问他为什么这么做，公司效益不是挺好的吗？张超说："也没什么特别的原因，就是觉得没意思，每年花那么多钱请员工出去旅游，可从来没有一个员工对我说过一句感谢的话，所以我觉得有点儿心灰意冷，所以就取消了。"

如果你是一个儿子或老公，那么当你的妈妈或老婆精心为自己准备了一顿可口的饭菜后，一定要向她们表示赞赏和感谢，只有这样她们才会觉得自己的付出没有白费，才会更加积极地为你提供美味佳肴。如果得不到我们的回应，她们就会觉得把饭菜做得再好都没意义，反正也没人关心，从而越来越没兴趣做饭。

赫洛克效应告诉我们，表扬和赞美所产生的效果要明显好于批评，所以我们一定要记得多赞美身边的人，因为每个人都渴望得到赞美。赞美他人不仅可以让我们获得他人的好感，还能有效地激励他人做出更好的成绩。

酝酿效应——有难题解决不了时先搁置

【心理学词典】

当我们面对一个难题，不管怎么努力都没法儿解决时，暂时停止对这件事的思考，去做别的事情。这时之前那个无法解决的难题却突然有了答案，这就是酝酿效应。

【心理学实验】

酝酿效应是心理学家由阿基米德发现浮力原理的故事概括而来的。阿基米德是古希腊著名哲学家、物理学家，他出生于公元前287年，是古希腊地区叙拉古王国的贵族，大家都十分敬佩他的学问。

有一次，国王拿出很多金子，请人做了一顶纯金的王冠，可是他又怀疑工人在制作王冠的过程中往里面掺了银子。问题是，这顶王冠的重量和他之前交给工人的金子的重量是一样的，所以根本无从知晓工人有没有往里面掺银子。

为了弄清楚这个问题，国王找来了阿基米德，请他帮忙解决。阿基米德为了解开这个难题，思考了很长时间，尝试了很多方法，但是都没能成功。有一天他去洗澡，当他坐进澡盆时，他发现水在往外边溢，而且还感觉身体被轻轻地托了起来，他恍然大悟，终于想出了解决方法。最终他利用洗澡时发现的浮力原理完美地解决了国王提出的难题。

心理学家西尔维拉做过一个关于酝酿效应的实验：

她让参加实验的志愿者解答一个关于项链的问题。每个志愿者面前都有4根小链子，每根小链子有3个环，打开一个环需要2分钱，封合一个环需要3分钱。一开始所有的环都是封合的，志愿者需要将12个环全部连在一起，但是花的钱最多不能超过15分钱。

研究人员要求他们分成三组，让他们用不同的方法解决这个问题，并且要求解答这个问题的时间不能超过半小时。

结果，第一组中大约有55%的人在半小时内完成了该任务；第二组在完成该任务的中途又花了半小时做其他事，结果大约有64%的人按照要求完成了该任务；第三组在完成该任务的中途又花了4个小时去做其他事，结果大约有85%的人按照要求完成了该任务。

在实验过程中，研究人员要求志愿者大声说出解决问题的过程，发现第二组、第三组志愿者做完其他事情再去解决项链问题时，并不会按照之前的解法去做，而是会采取全新的方法。这表明酝酿效应打破了解决问题时的不适用思路，促进了新思路的产生。

【心理学与生活】

在现实生活中，我们经常会遇到一些自己没有办法解决的难题，这些难题搞得我们筋疲力尽，却依然解决不了。最后，我们只能先把难题放在一边，去做其他事情。结果有一天，我们在做其他事情时突然大脑里有了之前那个难题的答案或解决那个难题的思路与方法。这时我们就会非常高兴，有种顿悟的感觉，而这种顿悟就是在酝酿效应的作用下产生的。

酝酿效应在生活中的很多方面都有体现，比如，人们对苯分子结构的发现。

苯这种物质在 1825 年时就被发现了，但很长一段时间人们都不清楚它的结构。德国有一位名叫凯库勒的化学家长时间研究苯分子的结构，可是他也一直没有弄清楚苯分子中原子的结合方式，这个问题一直困扰着他。

1864 年冬天的一个晚上，他在火炉边看书，当时因为研究进行得不顺利，他不得不暂时将其搁置，去想别的事情，结果因为太困就睡着了。这时他做了一个化学史上非常有名的梦，由此解开了苯分子结构之谜。

在梦里，那些原子组成了很长的队伍，在他的眼前飞舞，而且不断地发生变化。它们一点一点向他靠近，然后连接在一起，不断地扭动、回转，就像蛇一样，然后他看到这条“蛇”咬住了自己的尾巴，在他面前不断地旋转。这时他就好像遭受了电击一样，马上就醒了。

他意识到自己发现了苯分子的结构，为了证实这个假设，他工作了一个晚上，结果证实苯分子的结构就是蛇形结构。

很明显，凯库勒之所以能发现苯分子结构，是酝酿效应在起作用。那为什么会产生这样的效应呢?

心理学家认为，这是因为人们在酝酿一件事的过程中其实存在着潜意识层面的推理，那些储存在大脑里的相关信息会在潜意识里进行组合。虽然我们表面上不去考虑这件事了，但其实潜意识里还在自动思考，寻找它的答案。

而人们在休息时之所以会突然得到某个问题的答案，是因为人们消除了之前的紧张心理，忘记了之前的错误思路，从而进入了具有创造性的思维状态。在这种状态下，答案自然很快就会被想到。之前我们一直在考虑这个问题，只是因为思路不正确没有想到答案而已，思路被纠正后，自然就想到答案了。

所以，当我们遇到一个自己无法解决的难题时，不要一条道跑到黑，应该先将其搁置，去做一些其他的事，过一段时间后或许就能找到解决问题的方法。

酝酿效应又被称为“直觉思维”，直觉是指大脑对于所观察、研究的对象中隐含的和谐性、整体性、次序性的某种快速而又直接的洞察和领悟。它是突变型的创造性活动，经常会在人们对某个问题进行苦思冥想后，在完全预料不到的时间和地点突然发生，使人们在思维运动上有非常大的飞跃。

门捷列夫长时间研究化学元素的规律，有一次他提着行李准备上火车时突然冒出一个想法，于是就开始研究它，结果发现了元素周期律。

此外，酝酿效应没有任何逻辑和规律可循，它往往会超越逻辑直接得出结论，而且我们根本没有办法解释为什么会得出这样的结论。

刺猬法则——保持一定距离

【心理学词典】

刺猬法则告诉我们，在与人交往的过程中应该与他人保持适当的距离，这样才能避免互相伤害。它源自西方的一个寓言故事，这则寓言讲的是，寒冷的冬天两只刺猬想要依偎在一起取暖，一开始由于靠得太近了，所以身上的刺把对方给刺伤了。后来它们不断调整姿势，相互之间拉开了一定的距离之后，不仅可以互相取暖，还能够很好地保护自己。

【心理学实验】

一位心理学家做过这样一个实验：

在一个刚开门的阅览室里，当里面只有一个读者时，心理学家会进去，并坐在该读者的旁边，就这样试了80次。结果，在只有两个读者的阅览室里，没有一个人可以忍受一个陌生人紧挨着自己坐下。而且当心理学家来到他们身边时，这些人并不知道这是在做实验，所以大部分人都选择一声不响地离开原来的座位，到别的地方去坐，有的人则干脆问心理学家："你想做什么？"

这个实验说明，人与人之间必须保持一定的空间距离，每个人都需要有一个自我可以把握的属于自己的空间。如果有人侵入了这个空间，那就会让人觉得非常不舒服，甚至会愤怒。

【心理学与生活】

刺猬法则告诉了我们一个很简单的道理，那就是距离产生美。人与人之间在交往时如果能保持适当的距离，会有利于双方关系的发展。如果不懂得保持适当的距离，那不仅不利于双方关系的发展，还可能给彼此都带来伤害。

这样的例子在现实生活中有很多，比如，交往了很久的恋人经常发生矛盾或摩擦，彼此之间的关系反倒不如还不熟的时候。某人非常敬佩一个人，经常与其交流，结果了解得越多，两个人的关系反而越不好。原本关系很好的朋友，最终反目成仇的例子也有很多，这都是因为不懂得保持距离导致的。

而聪明的人在与人交往时都懂得保持距离，这能让他们在人际交往中如鱼得水，法国前总统戴高乐就是这样一个聪明人。

在戴高乐总统十多年的任期中，他的私人参谋部、秘书处和办公厅等顾问或智囊机构中的工作人员，没有谁的工作时间是超过两年的。他总是对每一个新上任的办公室主任说：“我会用你两年，就像人们不能以参谋部的工作作为自己的职业一样，你也不能将做办公室主任的工作当成自己一直做的职业。”

戴高乐之所以这么做，一是因为他受到长时间的军队生活的影响，他觉得调动是非常正常的，而固定才是不正常的，因为军队一直是流动的，根本没有始终固定待在一个地方的军队。二是他不想让身边的工作人员或参谋人员变成“离不开”的人，他觉得如果身边有了“离不开”的人，那自己在做决定时就会受到这些人的影响。而且如果有“离不开”的人，那就很有可能会有人利用政府与总统的名义为自己谋取利益。所以为了不让这样的人出现，就必须不断地调动他们，而只有这样才能与身边的人保持距离，也就没有谁是

“离不开”的了。

通用电气公司的前总裁斯通在实际工作中也能很好地运用刺猬效应，尤其是在对待中高层管理者时。在工作场合，他会对管理者非常关爱，会很热心地为他们解决问题。但是下班之后，他从来不会邀请任何一个员工到自己家做客，也从来不会接受任何一个员工的邀请。

那么，我们在人际交往中如何保持适当的距离呢？要想解答这个问题，必须先了解人与人在交往时应该掌握的四种空间（心理）距离（这个概念是由著名人类学家爱德华·霍进行划分并提出的），它可以帮助我们更好地进行人际交往。

1. 公众距离

公众距离是在进行公开演讲时，演讲者与听众所应该保持的距离，其范围是 3.7 ～ 7.6 米，最远则在 10 米以外。这是一个几乎可以将所有人容纳进来的开放空间，在这样的空间里，大家相互之间不发生任何关系，甚至还可以对处在此空间里的其他人视而不见，不用和他们交流。

所以，发生在这个空间里的交往，大多是当众演讲这一类的。如果演讲者想和一个特定的听众说话，他就必须走下讲台，缩短两个人之间的距离，只有这样有效的沟通才能实现。

2. 社交距离

社交距离的范围是 1.2 ～ 2.1 米，我们在社交聚会或工作场合通常都是保持着这样的距离。

3. 个人距离

个人距离是人际交往中稍微有些分寸感的距离，其范围是 46 ～ 76 厘米。在这个距离内，人们之间的直接身体接触并不多，不过正好可以握手，并进行友好的交谈。我们在与朋友和熟人相处时会保持这个距离。

4. 亲密距离

亲密距离就是平常我们所说的“亲密无间”，其近范围在 15 厘米以内。在这样的距离内两个人可以发生肌肤接触，甚至相互之间能感觉到彼此的体温、气味。亲密距离的远范围是 15 ～ 44 厘米，在这样的距离内，两个人彼此可以看清楚对方的眼神和表情，身体上的接触可以表现为挽住胳膊，拉着手，或促膝长谈。

从交往情境来说，亲密距离属于私下情境，只在情感联系非常密切的人之间使用，不会出现在社交场合。如果出现在社交场合，就会让人觉得很不舒服。

人与人之间的距离是由交往双方的人际关系及所处情境决定的。所以在人际交往中，我们首先应该根据自己与对方的关系及当时所处的情境决定该和对方保持怎样的距离。

此外，我们在考虑人际交往中该与对方保持怎样的距离才合适时，应注意以下几个问题。

1. 要对时间进行恰当的把握

每个人每天都有很多事情要做，为了完成这些事会有一个时间安排。如果我们无端地占用了他人的时间，就会打乱对方对工作和生活做出的一些安排，这自然会引起对方的反感，不利于人际关系的发展。所以，在人际交往中尽量不要侵占他人的时间，就算是真的有事要说，也要选一个对方空闲的时间。

2. 要注意性格差异

通常来说，性格外向、活泼开朗的人比较能容忍他人的靠近，而且也愿意主动接近别人，所以其自我空间比较小，在与他们交往时的距离比合适的人际距离稍微再近一点，是没有关系的。而性格内向或较为孤僻的人，对靠近自己的人则是非常敏感的，所以与他们交往时的距离一定要比合理的人际距离再稍微远一点。

3. 要注意文化背景差异

每个国家和民族对“自我”的理解都不同，比如，阿拉伯人觉得自我只限于心灵，他们认为肉身只是一个寄存心灵的物体，只有精神和心灵才是真我。而北美地区的人所理解的自我则包括皮肤、衣服，以及身体以外几十厘米的空间。所以，在人际交往中，北美地区的人经常受不了太热情的人，而阿拉伯人则总是觉得对方太冷淡。因此，我们在与拥有不同文化背景的人打交道之前，一定要先了解一下其民族习惯，这样才能避免引起对方的反感。

4. 要有容纳意识

所谓的容纳意识，就是要包容和我们不一样的人，尊重差异，容纳个性和缺点，因为过分挑剔、容不得别人的人是不会有朋友的。

5. 注意社会地位差异

通常来说，社会地位高的人都要求有一个更大一些的自我空间，所以不管我们与其是什么关系，都应与其保持比一般人更远一些的距离，因为过于亲密的举动在他们眼里可能就意味着不尊重。

6. 要尊重他人隐私

每个人都需要一定的自我空间，因此就算是最亲密的关系，哪怕是夫妻，在相处过程中也应该给对方保留一定的心理空间。那如何给对方留下心理空间呢？其实很简单，不要随便打听对方不愿意告诉我们、不主动告诉我们的事，不要追问别人的秘密，等等。此外，过度的自我暴露也是不妥当的，因为向对方靠得太近也会失去应该有的人际距离。

淬火效应——必要时要进行冷处理

【心理学词典】

淬火原本是一种物理学现象，是指将金属工件加热到一定程度后要将其放入冷却剂里，这样做能让工件的性能变得更好、更稳定。

该现象在心理学与教育学中衍生出来的含义是：对那些经常受到表扬，头脑已经有些发热，有点儿忘乎所以的学生，要适当地给他们设置一些障碍，对他们进行挫折教育，这样的磨炼会让他们的心理变得更加成熟，心理承受能力也会更强一些。此外，对于那些比较麻烦的事或已经激化的矛盾，不要急着去解决，不妨先"放"一段时间，这样考虑得会更周全，想出来的办法也会更稳妥一些。这就是心理学上的淬火效应。

【心理学与生活】

淬火效应在教育上得到了广泛的应用，它又被称为"冷处理"，这是相对于热处理而言的。所谓热处理，就是在教育学生时要以正面教育为主，对犯了错误或存在某些问题的学生要动之以情，晓之以理。

当学生犯错误时要及时地指出来，并对他们进行教育，纠正他们的错误认知与行为，遏制负面行为的进一步发展，让他们能够健康成长。如果不及时进行批评教育，那很有可能使其产生"惯性"，在错误中越陷越深。

不过，教师在日常教学实践中的很多时候运用热处理并不能解决问题，比如，有些学生犯了错误被教师批评时不肯承认错误，而且教师批评得越厉害，他们的逆反心理就越严重，教师越不让做什么就越是要去做。所以，这样的批评不仅不会有效果，还会适得其反。

这时就要对他们进行冷处理，具体来说是在充分掌握情况的基础上，在比较长的一段时间里不对其采取教育措施，不理睬他们，让他们得不到关注，时间长了他们就会自动改正错误。或等到教师和学生都心平气和时，再和他们摆事实，讲道理，让他们认识到错误行为的危害，自觉地改正错误。

此外，在下列情况下教师也应对事件进行冷处理。

有些学生自制力比较差，又缺少恒心，所以一些已被改正的错误在过了一段时间后学生又会再犯，而且是多次反复犯错。对于这样的学生，教师就要进行冷处理。因为很明显，反复做出错误行为的学生，并不是通过一两次的批评就能教育好的。所以，教师如果对其进行多次耐心的教育，但是仍然没什么效果时，最好的办法就是表面上先疏远其一段时间，还要表现出失望。教师的冷漠与疏远对那些内心渴望被关注的学生来说其实是最大的惩罚，时间长了他们就会期望得到教师的关爱，期待教师的批评，甚至会自觉改正之前的错误。这时再对其进行教育，效果自然会好很多。因此，在教育这样的学生时一定不能着急，要多一点儿耐心。

有些学习很好的学生，平时习惯了教师的称赞和同学的羡慕，久而久之就会觉得自己很了不起，根本没办法听进去他人的批评和建议，这对他们的成长会产生非常不利的影响。所以在日常教学中，教师要对那些各方面都很优秀的学生适当地设置一些“障碍”，或给他们出一些难题，或小小地打击他们一下，在他们取得成绩时也不要急着去称赞他们，要将称赞暂时搁在心里。这样的冷处理有利于他们冷静地认识到自己的不足，对他们的成长有积极作用。

当学生之间发生冲突时，教师也需要对此进行冷处理。正确的做法是，不要急着弄清楚谁对谁错，而是应该想办法让冲突双方先冷静下来，然后让他们进行反思，等把情况弄清楚后，实事求是地批评犯了错误的人。需要注意的是，不能和稀泥，也不能简单地“各打五十大板”，这样根本解决不了问题。

当家长之间发生冲突时，教师也应该对此进行冷处理，不要急着去判定对错，要等家长们都冷静下来后，再和他们一起心平气和地商量解决问题的方法。

淬火效应在感情方面也有所体现：

一个星期前，张萌和老公为了春节该去谁家过年的事情吵了一架。当时张萌觉得平时过端午节、中秋节时都会去婆婆家，也没时间回娘家，好不容易过年放假时间长一点儿，当然应该回娘家过年。

可是老公却不同意，理由是老家的规矩是大年初一必须在自己家，到初二或初三才能回娘家。他们都觉得自己有理，谁也没能说服谁，一直僵持着。

不过他们没有因为这件事继续争吵，而是决定先冷静一周，好好考虑这件事。他们决定在这一周时间里都不再提回谁家过年的事。利用这段时间，他们对这件事进行了冷静的思考，都觉得自己没有站在对方的角度上考虑问题。

于是一周结束，他们心平气和地商量出了一个两个人都能接受的解决方案，那就是以后过年过节轮流在两家过，轮到谁家就在谁家过。这件事解决后他们夫妻间的感情比之前更好了。

当情侣之间发生矛盾时请先不要急着弄清楚谁对谁错，这只会让矛盾激化，加剧冲突。正确的做法是，双方先冷静一段时间，再去处理矛盾。很多时候当我们冷静下来时，我们就会发现自己所纠结的一些问题根本就不是问题，这时矛盾自然就被解决了。而且随着矛盾的解决，情侣之间的感情也能得到加深。

在人际交往中，当我们遇到一些冲突事件时，我们也可以运用淬火效应进行处理。当我们与人发生冲突或矛盾时，通常我们的情绪都比较激动，没办法有效地对情绪进行控制。这时尽量不要让自己做决定，而是应该想办法让自己先冷静下来，过一段时间再解决眼前的问题。

人在冲动时很难做出一个较为理智的判断，而冷静一段时间后情绪就会变得平稳，理智又会占上风。这时我们才能慎重地思考各种各样的可能性，在这种情况下做出的决定才是合理的。

在我们取得成绩，非常得意时也要提醒自己注意淬火效应，要想办法让自己冷静下来，清醒一点，为自己选择一个新起点，制定一个新目标。只有这样，我们才能不断进步。

需要注意的是，不管是对别人还是对自己运用淬火效应，都要把握好时机和具体的度。时机选择得好，才不会弄巧成拙；度把握得好，才不会伤到根本。

第三章

帮你获得成功的心理学效应

糖果效应——自控力越强越容易成功

【心理学词典】

糖果效应也被称为“延迟满足效应”，原本是指从一个人儿童时期的关于判断、自控的小实验中，可以预测出这个人长大之后的个性特征。由此引申出的意思是，为了更大的、更长远的利益而自愿延缓或干脆放弃眼前的或较小的满足，而这是需要忍耐力或自控力的，也就是说自控力强的人更容易获得更大的利益，也更容易成功。

【心理学实验】

瑞士心理学家萨勒做过这样一个有趣的实验：

他对一群4岁的孩子说：“你们每个人面前的桌子上都放着两块糖，如果谁能够坚持20分钟，等我从外边买完东西回来，这两块糖就属于你。但是如果有人不能坚持那么长时间，那就只能得到一块糖。”说完他就出去了，不过他并没有走，而是躲在一边观察孩子们的反应。

他看到，有大概2/3的孩子选择等待20分钟，以得到那两块糖，不过他们确实很难拒绝这样的诱惑。因此有不少孩子干脆眼睛一闭，选择傻傻地等待；有的孩子则努力找事做，比如，唱歌、跳舞，反正就是不去看糖块；还有的孩子干脆躺下来睡觉。而剩下的1/3孩子则没能抵挡住诱惑，他们没能坚持20分钟，就吃了一块糖，一些孩子甚至在萨勒刚走后，就拿起糖放进了嘴里。

经过长达12年的追踪，萨勒发现，当初那些坚持了20分钟的孩子都有着比较强的自控力，而且充满自信，喜欢接受挑战，处理问题的能力也比较强。而选择吃一块糖的孩子，则大多表现为神经质、多疑、患得患失，无法面对挫折，自尊心很容易受伤，等等。

而且在此后的跟踪观察中，研究人员也发现，当初那些有耐心的孩子在事业上更容易获得成功。由此，研究人员得出这样一个结论：小孩子的自控力和他长大后的个性特点是有密切关联的。

【心理学与生活】

这个“糖果实验”得出的结论并不是绝对的，因为研究人员选择的孩子的成长环境、家庭情况都有着很大的差别，而这些都是影响他们做出决定的重要因素。可是这个实验却向我们揭示了一个值得深思的问题——自控力、忍耐力与成败的关系。很明显，自控力越强的人能得到的利益就越大，获得的荣誉就越高。换句话说，自控力越强我们就越容易成功。成功的前提是克制欲望，拒绝诱惑，而这一点并不是每个人都能做到的。

这样的结论在现实生活中的很多方面都能得到印证。每个人都有过等公交车的经历，有时等了很久，自己想要坐的那辆公交都没有来，来的都不是自己想要坐的。这时你就会胡思乱想，是不是堵车了？是不是车坏到半路了？到底还得等多久啊？于是你越想越没底，越想越是沉不住气，此时正好有一辆空着的出租车开过来了，就想“干脆坐出租车吧，等公交还不知道要等到啥时候，不在你这儿浪费时间了”，于是就坐上了出租车。

可就在你坐上出租车的一刹那，你想要坐的那辆公交车竟然开过来了。这时你心里会懊恼，心想要是再忍耐一会儿，就不用花钱打车了。这就是由于没能抵挡住眼前的诱惑而损失了更大的利益。

职场上也一样。每个人都希望自己能快点儿升职，不喜欢等待，可是当每一次的提升总是与自己无缘时，你心中就会充满了委屈和不甘，于是就选择辞职。只是每个人等待的时间不同而已，有的人是三个月，有的人是半年或一年，可是辞职后你却在偶然的情况下听到当初和自己一起入职的同事已经高升，并且受到了重用。听到这些你肯定会想，为什么当时我不再多等几个月呢？那现在被升职、受重用的不就是我了吗？

其实，要想获得更大的回报通常都需要等待更长的时间，而在等待的过程中我们会面对诸多的诱惑，这些诱惑会让我们想要放弃等待，可见诱惑和自控力是天敌。要想成功抵挡诱惑，增强自控力，除了想办法转移注意力，还应做到以下几点。

1. 给自己一点儿甜头

等待的过程是非常枯燥且痛苦的，而且有时看不到希望，所以要想激励自己继续等下去，就要给自己一点儿甜头尝尝。你可以将自己要做的事划分成若干部分或划分成若干个小目标，每做完一部分或每完成一个小目标就小小地奖励自己一下，可以是吃大餐，也可以是外出旅游，这样做就能给你继续坚持下去的动力。

2. 积极锻炼自己的意志

在日常工作中，很多事情都需要等待，比如，等待客户，等待领导，等待升职，等待重要的机会，等等。一个不擅长等待的人在等待的过程中会变得非常烦躁，甚至会导致什么工作都做不了，因此锻炼意志就成了一件非常重要的事。那我们该如何锻炼意志呢？方法有很多，比如，当你遇到某件需要等待或忍耐的事情时，可以不断地对自己进行暗示，通过这件事来磨炼自己的意志。选择一件自己期待或需要忍耐的事情，然后每次都延长忍耐的时间，以此来锻炼自己的意志。

3. 面对诱惑时，要三思而后行

很多人遇到诱惑时都会头脑发热，其实只要我们给自己几分钟的时间，让自己冷静下来，仔细地思考一下后果，也就不会那么容易被诱惑了。

4. 保持稳定的情绪

如果情绪不稳定，自控力就无从谈起。所以在情绪激动时，要尽量稳定情绪，努力让自己平静下来。

习得性无助——失去信心才是最可怕的

【心理学词典】

习得性无助是指人或动物在接连不断地受到挫折或打击后，就会感到自己对一切都无能为力，会逐渐丧失信心，陷入一种无助的心理状态中。该理论是美国心理学家塞利格曼在1967年对动物进行实验研究后提出的。

【心理学实验】

1967年，美国心理学家塞利格曼做了这样一个实验：

他把一只狗关进笼子里，并在上面装了蜂鸣器，只要蜂鸣器一响，他就会按动开关，对狗实行其难以忍受的电击，不过这种电击是不会让狗有生命危险的。关在笼子里的狗没有办法逃避电击，就疯狂地跑着，叫着。如此重复多次之后，只要蜂鸣器一响起来，狗就会趴在地上一动也不动，默默地忍受电击。随后，他在电击之前把笼门打开，这时狗不但不跑，而且在还没有被实施电击时就会倒在地上呻吟和颤抖。它本来是可以逃走的，却绝望地在那里等待痛苦的来临，这说明它对逃跑已经完全失去信心，这就是习得性无助。

1975年，塞利格曼找了一些大学生做实验，想要看看习得性无助是否会在人类身上产生。实验是这样的：

他将大学生划分成三组，让第一组大学生听一种噪声，他们不管怎么做都没办法让噪声停止；第二组大学生也能听到这种噪声，不过他们经过一定的努力后是可以让噪声停止的；第三组大学生则不会听到这种噪声。

当三组大学生在各自设定的条件下进行了一段时间的实验后，塞利格曼就开始让他们接受另一个实验。

他们使用的实验装置是一个“手指穿梭箱”，当他们将手指放在箱子一边时就会听到一种非常强烈的噪声，而将手指放在另一边时则听不到噪声。

最终的实验结果显示，在第一个实验中能通过努力让噪声停止的大学生及从没听过噪声的大学生，会很自然地把手指移到“手指穿梭箱”的另一边，让噪声停止。而第一组大学生，也就是在第一个实验中不管怎么努力都不能让噪声停止的被试，其手指会一直停留在原来的地方，任由噪声继续响下去，却不会将手指移到箱子的另一边。

【心理学与生活】

在日常生活中，我们留心观察就会发现，如果一个人总是在一项工作或一件事情上失败，那他就会失去做成这件事情或这项工作的信心，从而放弃努力，消极面对。甚至还会因此对自身产生怀疑，觉得自己什么都做不好，已无可救药。

处于这种状态中的人会逐渐丧失战胜困难的勇气，而且还非常依赖他人的帮助和建议。之所以会出现这些情况，就是因为他陷入了“习得性无助”的心理状态，这样的心理会让人们将失败归结为自身不可变的因素，比如，失恋了就认为自己原本就让人讨厌，学习成绩差是因为自己智力有问题。

造成习得性无助心理状态的原因有很多，比如，生活状况的改变、服用药物或有过特殊的生活体验，等等。其中，最显著的原因就是大环境的改变，比如，水灾、旱灾、饥饿、战争等都会导致习得性无助的出现。心理学家对“二战”后纳粹集中营里幸存的犹太人进行研究后发现，他们普遍拒绝关心和鼓励自己。

当今社会最容易造成习得性无助的环境是疗养机构、孤儿院、精神病院，塞利格曼将无助感产生的过程分为四个阶段。

1. 在努力行动但是没有结果的不可控状态中，体验着各种失败与挫折。

2. 在体验的基础上认知。这时人们会觉得自己的反应或是行动与结果是没有关系的，于是就会产生已经没有办法控制行为结果和外部事件的认知。

3. 形成“将来的结果也不可控”的期待。“结果不可控”的认知会让人们觉得自己对外部事件无所适从或无能为力，认为就算努力也不可能取得成功，这样就会逐渐产生无助感。

4. 表现为动机、认知与情绪被损害，会严重影响之后的学习、生活与工作。

习得性无助对我们的影响非常大，体现在生活的方方面面。孩子最开始对世界是充满好奇的，所以什么都想要尝试一下，当他们可以控制自己的动作时就喜欢到处爬，到处摸，也从不会害怕。不过很多孩子在进行各种尝试时都会被家长阻拦，动辄就是“不许做”“危险，快过来”“这个你做不好”等。时间长了，孩子就会变得不自信，因为他不知道自己如果做了，大人是不是又该大声地对自己说“不”，甚至遭到大人的训斥。就这样，他变成了一个绝对听大人的话的乖孩子，可是自卑的种子却深深地埋在了心里。

一个学生如果一次次的考试都不及格，慢慢地，他就会对学习失去信心，学习时漫不经心，对学习失去兴趣，和同学相处时也自卑、多疑，觉得自己是不受欢迎的，所以与同学的关系会变得日益疏远。他们认为自己永远是一个失败者，还很固执，他人的意见和建议根本听不进去，并且会以非常消极的方式重复不变地对待学习上遇到的问题，一遇到困难就放弃。此外，由于他们怀疑自己的能力，所以经常产生强烈的焦虑感，身心健康也会受到损害。

教师不恰当的评价方式也会让学生产生习得性无助。比如，当一个学生发现自己没有办法顺利完成一项学习任务而经常被教师和同学嘲笑时，他就会变得焦虑，害怕探索未知事物和参加集体活动。而且如果有人监督他去完成一件事，他就更加不安且没有信心，完成任务也变得非常困难。经历一系列的失败后，他们会觉得自己是没有能力的，不愿意为完成学习任务而努力。

那么，我们该如何消除习得性无助呢？

第一，如果你经历过比较重大的创伤应激性事件，或担心自己得了抑郁症，就应该寻求专业人士诊断和帮助。

第二，当我们面对巨大危机时，我们有可能会自动走出习得性无助的陷阱，这是因为我们为了生存下去，内心会激发出巨大的潜能，而且还会相信过去根本不会相信的事。

第三，要对自己的归因模式进行检查，看看究竟是不是自己的问题而导致失败的，是不是自己将困难夸大了。此外，不要轻易对自己说“不可能”，应该多给自己尝试的机会。

第四，有时让我们无助的仅仅是无助本身，压倒我们的往往是一种抽象的感觉。所以，当你感觉很无助、很糟糕时，你不妨想一下你究竟遇到了什么让自己感觉很糟糕的事情，在这样的情况下你还能做些什么。

第五，先积极完成眼前的任务，在获得一些小的进步或取得一点成绩后，要用它们来激励自己，及时地庆祝获得的每一个微小的胜利，真切地体会到“自己真的可以做到一些事情”。这本身就是一种巨大的鼓舞。

布里丹效应——犹豫不决害死人

【心理学词典】

布里丹效应是指一个人在决策过程中所表现出的犹豫不决、迟疑不定的现象，以及由此造成的消极后果。

【心理学故事】

布里丹效应源自哲学家布里丹讲的一个故事：

布里丹养了一头毛驴，他每天都要向住在附近的农民买一堆草料来喂毛驴。这天，农民出于对他的尊敬，在送草料时多送了一堆完全相同的草料放在旁边。可是这么一来，毛驴犯难了，它站在完全相同的两堆草料中间，不知道该选择哪一堆草料。虽然它有选择的自由，但是由于两堆草料是相同的，它根本没有办法分辨出哪个更好。

所以它犹豫起来，迟迟不能做出选择，越犹豫越没法做决定，最后它活活把自己给饿死了。

【心理学与生活】

毛驴饿死的根本原因是它什么东西都不想放弃，不知道该如何做出决策和取舍。鱼与熊掌不可兼得，有时我们选择一个选项就必然会放弃另一个，世界上不存在两全其美的事。可是对于如此简单的道理，还是有那么多人不懂，还是有那么多人去违背，鱼也想要，熊掌也想要，结果什么都得不到。此外，什么都想要的人表面上看好像是在追求完美，可实际上却错失了良机，这才是最大的不完美。

我们每天都要面临很多选择，而我们所做出的选择对我们会产生很大的影响，所以我们都希望做出最佳选择。面临选择时，我们会很慎重，会反复权衡、斟酌，甚至犹豫不决。可是很多事情都不能等太久，没有足够的时间让我们进行反复的思考，如果长时间无法做出决定，那机会就会消失，我们就什么都得不到。这就要求我们在面对一些比较紧急的事情时，必须在短时间内做出决定，犹豫不决只会一无所获，甚至是让事情变得更糟糕，因为有些事不是我们不选择就不会发生的。

生活中有很多人因为在需要做出决定时总是犹豫不决，从而错失了成功的机会。

有一个大学生面试了很多公司，最终有两家条件相当的公司给他发来了录用通知，可是他无法决定究竟去哪家公司上班，因为他觉得这两家公司各有各的优势，一个都不想放弃。他想要好好思考，做出最佳选择，可是他越考虑发现的问题越多，一直没法儿做出决定，最终他错过了两家公司给出的最后入职时间，他一家都没能去成，追悔莫及。

有一个男生身边有两个女孩都对他有好感，他对这两个女孩也都很喜欢，可是他很清楚自己只能从两个女孩中选择一个做女友。他实在是不想放弃任何一个，所以就一直拖着不做决定，弄得三个人都很痛苦。结果那两个女孩因为实在耗不起，就都离开了他。

很多时候我们只有及时抓住机会、做出决定，并且付出努力，才有可能会成功。那么，我们该如何避免在做决策时犹豫不决呢？

1. 要进行独立思考

当你面临决策时要独立思考，不要被别人的观点左右，要有意识地拒绝他人的影响，做自己认准的事。

2. 严格执行事先定好的规则

有的人在做决定之前明明已经制定好一套必须遵循的规则，可是到真正面临选择时就忘得一干二净，这是因为一旦牵扯到切身利益，人们就很难下决心执行。比如，有的人炒股票，事先定好涨到某一个点之后就一定要将手上的股票卖掉，可是当他看到所买的股票不断上涨之后，他就想再等等，肯定还会涨，结果很有可能等来的并不是上涨而是下跌，就这样原本可以赚钱的却赔钱了。所以一定要严格执行事先制定好的规则，你如果执行不了，就找个人帮你执行。

此外，在做一件事情之前我们还应该制定一个合理的目标，一旦实现了这个目标就马上做出决策。比如，你给自己订立的目标是在某一个项目上赚 10 万元就收手，当你投资的这个项目让你赚了 10 万元时，你就应马上从这个项目里撤出，别再投资，别再追求更大的利益。因为既然会赚钱就有可能会赔钱，继续投资下去就存在赔钱的可能，所以当你实现自己的利润目标后及时退出，才是最稳妥的决定。

3. 要敢于接受失败

很多人之所以在做决策时犹豫不决，是因为担心遭遇失败，认为不做决定就不会失败，一旦做出决定就有失败的可能。人要勇敢地接受失败，要告诉自己失败没什么大不了的，而且很多时候如果不及时做出决定，那就一定会失败。所以还是要及时做出决定，就算错了，也积累了经验教训，这样距离成功就又近了一步。

4. 要相信直觉

当面对两难的选择时，你可以适当相信直觉，直觉告诉你哪个是对的，就选择哪个，因为很多时候直觉是大量知识与经过验证的事实的结合，所以依靠直觉做出决定还是有据可循的。此外，相信直觉还有一个好处，那就是如果做错了，你也可以拿直觉当“替罪羊”，这样你就不会进行过多的自我批评。

5. 对需求进行排序

我们总是有很多需求，感到零乱时你可以对这些需求进行排序，把最迫切需要满足的需求挑出来，在面临选择时要优先满足第一需求，也就是要选择对自己最重要的、最有用的。

瓦伦达效应——越是担心就越容易失败

【心理学词典】

心理学家将一种为了达到某种目的而总是患得患失的心态称为“瓦伦达效应”。

【心理学故事】

瓦伦达效应源自这样一个真实的故事：

卡尔·瓦伦达是美国著名的钢索表演艺术家，他的表演精彩又稳健，从来没有出过事故。1978年，他所在的表演团体派他到波多黎各为一些知名人士表演，并且告诉他这次表演非常重要，还会进行现场直播。所以瓦伦达非常在意这次表演，他从演出的前几天就开始对每一个动作、每一个细节进行反复琢磨。

等到演出那一天，为了让表演获得最佳效果，他没有用保险绳，因为以往多年的成功经验告诉他，这次一定不会出错。可意外发生了，他走到钢索中间，只做了两个低难度的动作后就从10米高空摔了下来，当场死亡。

从来都没有出过错的他，这次怎么会出现致命的失误呢？这一点可以从他妻子的话中找到答案。

这件事过后，他的妻子回忆说：“我就知道这次一定会出事，因为他在出场前不断地说‘这次太重要了，不可以失败’。以前他在进行每一次成功的表演之前，想的都是走好钢索这一件事，不去理会别的东西。可是这一次不一样，卡尔太想成功了，考虑了太多表演以外的事，太患得患失了。如果他不想那么多走钢索以外的事，他是绝对不会出意外的。”

【心理学与生活】

斯坦福大学的一项研究证实，大脑的某一个图像会像实际情况那样对我们的神经系统造成刺激。当一个人在面对一群人说话时反复地告诉自己“不要紧张，不要紧张”，其大脑里就会出现自己在说话时结结巴巴、语无伦次的画面，于是他在说话时果真就会前言不搭后语。

这项研究从侧面证实了瓦伦达效应的存在，人越是告诉自己不要紧张，就越是会紧张。之所以会出现这种情况，其实是暗示在起作用。当一个人反复告诉自己不要紧张时，实际上就是在暗示自己，而且这种暗示真的也发生了作用，只不过这时他的暗示是没有价值判断和选择的，他也自动过滤掉了副词、动词，剩下的只是“紧张”，结果真的导致这个人变得紧张。

生活中随处可见瓦伦达效应的影响，比如，一个人非常在意一次重要的考试，所以他在考试前一直复习到半夜两三点钟，把该看的都看了。结果第二天考试时因为太紧张，他忘记了很多知识点，没有通过这次考试。

再比如，有的运动员平时训练时成绩都挺好，可是一到重大比赛就发挥失常，最重要的原因就是太紧张，太想赢，想了太多比赛之外的事情。

那么，我们该如何避免发生瓦伦达效应呢？

1. 要专注于事情本身，还要看淡结果

我们在做一件事时要专注于做事的过程，除了这件事，不要考虑别的。此外，对于这件事的最终结果，我们也要以平常心看待，成功了不骄傲，不成功也能坦然接受，这样我们就能做到坦然面对每一件事。

此外，专心于事情本身，不仅能让我们保持稳定的心理状态，也有利于我们培养健康积极的生活习惯和思维习惯。

2. 熟能生巧

要想做好一项工作，很多时候要依靠经验与技能。经验与技能累积得越多，做好工作的概率就越大。所以在日常学习与工作中要时刻进行有意识的练习，要把陌生的操作变成熟练的操作，再把熟练的操作变成下意识的行为，这样就可以大量节省思考的时间和精力。

3. 做事过程中要避免被干扰

工作时如果有人从身边经过；或者同事在聊天；再或者正忙着的时候忽然手机响了，有人给你发了一条微信；等等，这些对你来说都是干扰，都会让你无法集中注意力做事。所以我们要想办法避免工作过程中出现的种种干扰，给自己创造一个安静的工作环境。

青蛙效应——要适当地给自己增加压力

【心理学词典】

青蛙效应也被称为“煮蛙效应”“温水煮蛙效应”等，源自美国康奈尔大学一次著名的“青蛙实验”。说的是做人要居安思危，一个人如果一直沉溺于安逸的、没有变化的生活，就会忽视周围环境的改变，一旦危机到来时就毫无应对能力，只能坐以待毙。

【心理学实验】

19世纪末，美国康奈尔大学做过一次著名的“青蛙实验”。研究人员将一只青蛙放到一口大锅里，锅里的水已经煮得沸腾了，此时青蛙刚被丢进去就马上跳了出来。后来，研究人员又把青蛙放到一口装满凉水的大锅里，这时它非常舒服地游动着。随后研究人员开始用小火慢慢烧着锅里的水。这时青蛙虽然感觉到温度的变化，但是这点变化对它并没有形成强烈的刺激，所以它没有马上跳出去。后来水的温度慢慢升高，直到它难以忍受，可这时它已经失去了逃生能力。

事后，研究人员分析认为，青蛙第一次之所以能成功逃离，是因为它受到沸水的强烈刺激，于是便用尽全力逃出来。第二次因为刺激并不明显，所以它失去了警惕性，丧失了危机意识，可是当危机真正来临时，它已经没有能力逃生了。

【心理学与生活】

青蛙效应告诉我们一个很简单的道理——“生于忧患，死于安乐”。

青蛙效应在现实生活中的很多方面都有所体现，并且带给了我们一些深刻的启示。

在企业管理方面，那些能在激烈的市场竞争中生存下来并且发展很好的企业一定都有着强烈的危机意识，时刻居安思危，比如，比尔·盖茨有一句名言：“微软离破产永远只有18个月。”华为公司研究“失败危机”，研究“如何活下去”；可口可乐公司施行“末日管理”；等等。

青蛙效应带给企业的启示是，企业所面临的竞争环境的改变大都是渐进式的，管理者与员工如果对环境的变化缺乏明显的“疼痛感”，那么就会像那只被煮熟的青蛙，被淘汰了都不自知。所以企业要想获得长远的发展，就不能沉溺于过去的胜利，忽视危机和失败的逼近。正确的做法是保持警惕，适当地宣扬危机意识。首先，企业的最高管理层要具备危机意识，这样企业才不会在重大战略问题上迷失方向。其次，公司所有员工也应具有危机意识，把危机管理落实到每位员工的实际行动中。

管理者还要适当地给自己及员工施加压力，这样才能让放慢脚步的人加快脚步，让身处危机却不自知的人清醒，才能不断获得进步，不断实现自我超越。

同样地，在社会中生活的个人也是这样，虽说大环境的改变可以影响一个人的成败，可是平时我们难以察觉到大环境的变化，所以必须多学习，并积极做出改变，不要长时间沉溺于一种固定的生活环境，这样才能在大环境发生改变时快速做出反应。此外，要想察觉到趋势的一点小的改变，就必须静下心来从不同的角度进行观察与思考。

青蛙效应在生态环境方面也有非常明显的体现。现在大家都知道生态环境对人类生存发展非常重要，可是一涉及具体问题人们就会变得麻木，主要是因为很多人觉得一点点问题并不会对整体环境造成多大影响。可是就是因为问题这样一点点地被堆积，最终导致现在的环境问题层出不穷，而且已经影响到人类的生活，比如，雾霾、水土流失、全球变暖等。这些问题也不是凭空出现的，环境也不是突然恶化的，都是一点点地慢慢改变的。所以我们应该重视这“一点点”的小问题，要珍爱自然，积极保护生态环境。如果不重视微弱的变化，那么当有一天我们赖以生存的自然环境彻底恶化时，人类就会像那只被煮熟的青蛙一样大难临头。

破窗效应——不要容忍坏现象的存在

【心理学词典】

破窗效应是犯罪心理学上的理论，该理论由詹姆斯·威尔逊和乔治·凯林提出，是指如果放任环境中的那些不良现象存在，就会诱导人们去效仿，让情况变得更糟糕。

他们在论证该理论时以一座有个别破窗的建筑物为例，提出如果那些窗户没有及时被修理好，那么就很有可能会有更多的窗户被破坏掉。

【心理学实验】

心理学家津巴多在1969年时做过这样一个实验：

他找了两辆完全一样的汽车，然后将其中一辆车停放在了加州的一个中产阶级社区，将另一辆车停放在了相对来说比较混乱的纽约州布朗克斯区。他把停在布朗克斯区的那辆车的车牌摘掉了，车顶棚也被他打开了，结果车放到那里的第一天就被偷走了。而放在加州中产阶级社区的那辆车，整整一周都没有人搭理。后来，津巴多拿锤子把那辆车的玻璃给敲了个大洞，结果只过了几个小时，车就找不到了。

詹姆斯·威尔逊和乔治·凯林正是在这个实验的基础上进行了相关研究，并提出了破窗效应。

【心理学与生活】

破窗效应在生活中的很多方面都有体现，一面干净的墙上出现了一些涂鸦，如果这些涂鸦没有被及时清理掉，那么很快墙上就会被画满乱七八糟的东西。

如果一条街道的角落有一点点垃圾没能被及时清理掉，那么很快就会有更多的垃圾，最终这个角落就会堆满垃圾，从而沦落成一个垃圾场。

有的领导对员工违反公司规章制度的行为不以为然，结果导致类似的行为再次甚至多次重复发生，最终企业可能会因此出现重大问题。有家公司规定员工上班必须佩戴工牌，如果不佩戴员工每次要被罚款20元。一开始全公司只有一两个员工没有按规定做，管理者并没重视这件事，也没罚他们钱。一个月后全公司有一半的员工上班都不佩戴工牌。

那么，为什么会发生破窗效应呢？这是因为我们生活的环境会以非常强烈的暗示性与诱导性对我们产生重要的影响，一旦环境中原有的秩序遭到破坏，那么一系列违反秩序的事情就会接连出现。在干净的地方，我们是不会乱丢垃圾的；但是到了一个脏乱的地方，我们就会受到暗示，觉得在这样的地方乱丢垃圾是很正常的，因此我们在这里丢垃圾时完全没有心理负担。

社会上任何一种不良现象都会传递一种信息，这样的信息会导致不良现象的无限扩散。

此外，当破坏秩序的行为出现时，如果它没有及时地被制止，那么就会有更多的人去效仿。因此，我们必须高度警惕那些看起来轻微的、偶然的、个别的“过错”，只要发现，一定要马上制止或改正，因为如果我们对这些过错不闻不问，就会让问题变得越发严重，直到不可收拾。

德西效应——奖励不一定都有用

【心理学词典】

德西效应是心理学家德西提出的，是指适度的奖励有利于巩固个体对工作的内在动机，但过多的奖励也很有可能会降低个体对工作本身的兴趣，降低其内在的动机。奖励并不一定都会产生作用，而且奖励也不是越多越好。

【心理学实验】

1971 年，心理学家爱德华·德西做过一个这样的实验：

他找了一些大学生，将他们分成两组，让他们去做一些有趣的智力题。在该实验的第一阶段，所有的大学生解题之后都没有获得奖励；第二阶段中甲组的大学生每解一个难题，就能得到 1 美元的奖励，而乙组的大学生没有奖励；第三阶段是每个大学生想做什么就做什么的自由时间，研究人员认真观察了大学生是不是仍然在做题，以此来判断大学生对解题的兴趣。

结果发现，没有被奖励的乙组大学生要比有奖励的甲组大学生花更多的休息时间去解题。这说明甲组大学生解题的兴趣下降得很快，而没有得到奖励的乙组大学生在进入第三阶段后仍然能对解题保持较大的兴趣。

德西认为该实验证明了这样一个道理：当一个人进行一项愉快的活动时，别人给他提供奖励，反而会减少这项活动对他的内在吸引力。

【心理学与生活】

德西效应带给我们很多有益的启示，我们在生活中的很多方面如果能够对该效应进行正确运用，就会收到良好的效果。

比如，在教育方面，家长和教师都要特别重视对孩子学习兴趣的培养，引导孩子树立远大的理想，增进孩子对学习的兴趣。而在孩子还没有形成自发内在的学习动机，或还没有对学习产生兴趣时，就要从外界对他们进行激励，以推进孩子的学习活动。

不过，家长和教师该如何正确地对孩子进行激励呢？物质激励对孩子的学习有利，比如，书籍、体育器械、与学习有关的物品，这些东西对孩子的身心健康有利。最好不要用钱或是其他贵重物品去激励孩子，比如手机，这会让孩子认为学习就是为了钱或为了得到一些贵重物品，时间久了孩子就会过分看重物质的获取，不管是学习还是做事都变成了一种有偿行为，而不是自发行为。这样做还很容易让孩子互相之间攀比、炫耀，如此一来，激励就会起到反作用。

此外，物质激励也无法让孩子长时间保持对学习的热情与兴趣，而且得到激励的孩子毕竟是少数。这会让那些没有得到激励的孩子不满，甚至产生逆反心理，导致他们对任何激励都无动于衷。

还有一点需要特别注意，那就是家长和教师在承诺激励孩子后一定要说到做到，不能欺骗孩子，而且承诺过激励什么就给予什么，不能用其他东西代替，否则这不仅会让孩子失望，还会严重降低他们的学习兴趣。

家长和教师要做的是尽最大努力让孩子自己去发现兴趣的源泉，让他们感到自己在这种发现中付出了劳动并获得了进步。如果孩子已经对学习产生了浓厚的兴趣，那就不要再对其进行物质激励。此时的激励不但多此一举，而且很有可能会产生相反的效果。

在企业管理中，管理者在对员工进行激励时也要注意德西效应的影响。管理者应该在员工激励上多下点儿功夫，研究一下怎么做才能让员工发自内心地对工作产生兴趣，让员工在工作中保持持久的动力。一个成功的管理者应该注意发现每一位员工身上的“闪光点”，并且要在适当的场合对员工进行恰如其分的激励。不过激励或表扬应该是有限度的，并且管理者要在平时的工作中随时对员工进行表扬或激励，只有这样才能让员工将应承担的义务看作“必须做的”“应该做的”，他们才能一直保持积极主动，才会努力把工作做好。

吉格勒定理——为自己设定一个高目标

【心理学词典】

吉格勒定理是由美国行为学家J. 吉格勒提出的，是指设定了一个高目标就等于已经实现了目标的一部分。

【心理学实验】

一位心理学家做过这样一个实验：

研究人员对哈佛大学即将毕业的一批毕业生进行了人生目标跟踪调查，在调查中研究人员发现，这些毕业生中有3%的人曾设立过远大的目标；10%的人有着明确短期目标；60%的人对目标并没有清晰的概念，只想过好眼前的生活；27%的人抱着随遇而安的生活态度，并没有设立目标。

20年后，研究人员发现，当初那些树立远大目标的人，已经顺利完成了既定目标，并且成为社会上最成功的人；有着明确短期目标的人虽然并没有取得优秀的成绩，但也成了社会上层人士；只想过好眼前生活的人虽然没有进入上层社会，但是在中下层也算是过着比较稳定的生活；而那剩下的完全没有目标、随遇而安的人则一直处于社会底层，生活条件很差。

【心理学与生活】

当今社会很多人之所以没能成功，并不是因为他们没有智慧，也不是因为他们运气不好，最根本的原因是他们缺少排除困难、走向成功的动力，不敢为自己设立一个远大的奋斗目标，没有目标自然就没有努力的方向和动力，也就不会获得成功。所以，我们要想成功就必须先设定一个高目标，设定高目标这就已经向成功迈出了重要的一步。

汽车大王亨利·福特 12 岁和父亲一起坐马车去城里时，偶然看到了一辆用蒸汽做动力的车子。他觉得非常新奇，而且他觉得既然汽车可以用蒸汽做动力，那么也应该能用汽油做动力，于是他下决心一定要试试。

虽然这个梦想对当时的他来说有点儿太过遥远，但是那时他就制定了“10 年内造出一辆以汽油做动力的车子”的目标。当时他对父亲说自己不想留在农场做一辈子的农民，他要做发明家。

后来他离开老家到底特律闯荡，他的第一份工作是机械学徒，这份工作让他对机械有了深入的认知。在繁忙的工作之余，他一刻都没忘记最初的梦想。每天下班后，他仍然会精神百倍地投入研发工作。

在 29 岁那一年，他终于成功了，在试车大会上，有一个记者问他：“你成功的要诀是什么？”他想了一下，回答说：“因为我有远大的目标。”

美国伯利恒钢铁公司的创始人齐瓦勃出生在美国的一个小乡村，他小时候没读过什么书。尽管这样，他不但一点儿都不悲观，反而非常积极地寻找机遇，他坚信自己是做大事的人。

18 岁那一年，他来到一个建筑工地打工，从他到建筑工地的第一天起，他就下定决心要做同事中最出色的那个。因此当其他同事都在抱怨工资低、工作又很辛苦时，他却在默默地积累着工作经验，并且还自学了很多建筑方面的知识。

有一天晚上，同事们都在闲聊时，只有他在旁边静静地看书。这时到工地做检查的公司经理看到他在看书，便了解了一下他的情况。第二天经理就把他叫到了办公室，问他："你学那些东西做什么？"他回答说："我觉得公司缺少的并不是在工地做工的人，缺的是既有工作经验又掌握专业技术的技术人员或管理人员，您说对吗？"经理很认可他的话。没过多久，他就被升为技师。这时有人讽刺挖苦他，他就说："我来这里工作并不只是为了赚钱，所以我并不只是为老板工作，我是在为梦想和前途工作。我要让自己创造的价值远远超过自己所得到的工资，只有这样我才能得到重用，才能距离梦想更近一步。"

就这样，在梦想的激励下，他一步步升到了总公司的职位，并在25岁那一年做了这家建筑公司的总经理，后来创建了伯利恒钢铁公司。

从亨利·福特和齐瓦勃的经历可以看出，一个高目标对成功的重要性。如果我们一开始就制定一个高目标，那就表示一开始我们就很清楚自己要走一条怎样的路，很清楚目的地究竟在哪里。这样我们就不会走弯路，就不会做无用功，每前进一步就离成功更近了一步。

一开始心里就有一个高目标，会让我们逐渐养成良好的工作习惯，并且能让我们对所遇到的事都能做出理性的判断。与此同时，我们的眼界也会与众不同。

相反，如果一个人没有一个远大的目标，就没有努力的方向，就会不思进取，成功更无从谈起。所以，成功的秘诀就是树立一个高目标，然后努力朝着目标前进。

蘑菇定律——不经历风雨怎么见彩虹

【心理学词典】

蘑菇定律是20世纪70年代国外的一些年轻计算机程序员总结出来的。其原意是：那些长在阴暗角落里的蘑菇因为没办法得到足够的阳光及肥料，所以长时间处于无人理睬、自生自灭的境况中。只有当它们长得足够高、足够壮时，它们才会得到人们的关注，可这时它们已经可以独自承受雨露和阳光了。

后来心理学家将该定律引入心理学范畴，对其含义进行了引申与概括：任何一个人的成长过程都注定会经历不同程度的磨难，只有战胜磨难才能获得成功，赢得鲜花和掌声。

【心理学与生活】

蘑菇定律较多地体现在职场上。一个刚刚参加工作的人来到一个组织后，通常都会像“蘑菇”一样被安排到一些不被重视的部门，或被安排去做一些无关紧要的工作，如打杂、跑腿。此外，他们还经常遭受他人毫无理由的批评与指责，有时甚至需要替领导“背黑锅”，而且根本得不到一些必要的提携与指导，就那样可怜地待在角落里，无人问津。

在这样的情况下，职场新人应该怎么办呢？辞职，不停地换工作，还是积极面对，努力奋斗，快一点儿走出最初的“蘑菇期”呢？在回答这个问题之前，让我们先来看下面这个故事。

惠普公司的前CEO卡莉·费奥瑞纳从斯坦福大学的法学院毕业后，所做的第一份工作是电话接线员，她每天做的就是复印、打字、收发、整理文件等杂活。当时她的家人和朋友都对她的工作不满，认为一个名牌大学的毕业生不应该去做这些杂活。可是她却一点儿怨言也没有，继续一边努力工作一边学习。

终于有一天，公司的经纪人问她能不能帮忙写一点文稿，她答应了，就是这一次写文稿的机会改变了她的一生。

很多成功的人都拥有和卡莉·费奥瑞纳一样的经历，从他们的经历中我们可以总结出，每一个成功的人在成功之前都会经历一段时间的“蘑菇期”，都需要经历一段时间的磨炼。这种磨炼包括各种困难与考验，只有经受住考验的人才有希望获得成功，而且这对日后的成功有着非常重要的积极作用。

为什么有的人能经受得起磨炼，而有的人却经受不起呢？其中最关键的因素就是信念。有信念的人总是满怀希望，他们对未来充满信心，坚信自己总有一天会成功，会像最终成长起来的蘑菇一样赢得阳光。

下面，我们来了解一下“蘑菇期”的积极作用。

1. 避免取得一点儿成绩就骄傲

有很多刚刚参加工作的人做出一点儿成绩就骄傲自满，想要得到领导和同事的赞赏，但并不是所有成绩都会被大家看在眼里。此时，你要沉下心来，脚踏实地，只有这样才能取得更好的成绩。

2. 有助于消除不切实际的幻想

很多毕业生刚走出校园时，都觉得以自己的才能一定会在工作中得到重用，一定能拿高薪。可现实是很残酷的，缺乏工作经验的他们在找工作时就会遭受各种打击，参加工作后又会发现根本就没人重视自己，而且工作辛苦，工资也不高，完全不是自己先前所幻想的样子。因此这些磨炼有助于刚参加工作的人消除各种不切实际的幻想，耐心地接受现实，老老实实地工作，只有这样才能获得成长与进步。

3. 可以加快职场新人适应社会的过程

艰苦的工作环境是最能锻炼人的，职场新人只有熬过痛苦的“蘑菇期”，才能适应职场的行为模式和游戏规则，才能更快地走向成功。

那么，我们该如何做才能尽快地度过痛苦的“蘑菇期”呢？

1. 努力工作，把小事做好

刚刚参加工作的人所做的通常都是些琐碎的工作，但不能因为事情小就随便应付、敷衍，因为这样只会让领导觉得你连小事都做不好。所以一定不能轻视小事，而是要尽心尽力将小事做好，只有将小事做好了才有机会做大事。

此外，要将心态调整好，保持耐心、细心，老实做人，踏实做事，对工作充满热情。

2. 努力积累人脉

刚参加工作时，不了解单位内部的人际关系，最聪明的做法是少说话，多做事，还要多听听别人是怎么说的，避免卷入是非之中。同时与同事交往时要做到诚信、谦虚，并且要讲究方法和技巧，一点点地为自己积累足够的人脉。因为人脉也是生产力，它会在关键时刻助我们一臂之力。

3. 要学会适应环境

如果你处在一个自己并不满意的公司或岗位上，做着无聊的工作，你首先要做的是静下心来适应新环境。如果不能适应环境，那么一切都将无从谈起。

4. 不断学习，勇于表现

参加工作后，你会发现要学的东西有很多，如果不学习，那你可能很快就会被淘汰掉。所以一定要坚持不断地学习，不断地充实自己，只有这样你的能力才会不断得到提高，不断提高的能力是获得成功的必要条件。

此外，只是低头学习、默默做事也是不够的，还要适当地在领导和同事面前表现自己，寻找脱颖而出的机会。有了机会才可能更快获得成功。

5. 主动请示汇报

作为职场新人，应该养成及时向领导请示汇报的习惯，并在请示汇报时运用得体的方法。这样做不仅可以在领导面前经常露脸，还可以给领导留下谦虚谨慎、工作效率高的好印象。此外，平时有什么不懂的问题可以多向同事请教，这有助于我们与同事建立良好的关系。

马太效应——好的越来越好，坏的越来越坏

【心理学词典】

马太效应是由美国科学史研究者罗伯特·莫顿提出的一个术语，该术语用来概括一种社会心理现象，是指任何一个群体、个体或地区，一旦在某个方面获得了进步和成功，那就会产生一种积累优势，就会获得更多进步和成功。简单来说就是，好的越好，坏的越坏，多的越多，少的越少。

【心理学故事】

马太效应中的“马太”源于《圣经·新约·马太福音》中的一个故事。一个国王出远门之前给三个仆人每人 1 锭银子，对他们说：“你们拿这些钱去做生意，等我回来后你们再来见我。”等到国王回来时，甲仆人说已经利用主人给的银子赚了 10 锭；乙仆人则赚了 5 锭；只有丙仆人一锭银子也没赚，因为他怕把银子弄丢了，就一直没出门。于是国王就赏给甲仆人 10 座城邑，乙仆人 5 座城邑，而丙仆人不仅什么都没得到，还把他的那 1 锭银子也给了甲仆人。

国王还对他们说：“凡是少的，就连他所拥有的也要夺过来。凡是多的，还要给他更多。”

【心理学与生活】

马太效应在生活中的很多方面都有所体现：那些经济发达的地区变得越来越发达，而经济不发达的地区则有越来越落后的趋势；有钱的人变得越来越有钱，而没钱的人相对来说会越来越穷，财富有向少数人手中集中的趋势，贫富差距越来越大。

在企业发展方面，那些在某个领域具有领先优势的企业会在该领域迅速地做大做强，所以当一家企业成为某个行业的龙头时，就算资本回报率相同，它也可以轻易地获得比其他同行更大的收益。

在教育上，那些学习成绩好的孩子会得到教师越来越多的关注，越受到关注，学习成绩就越好；而成绩差的孩子则很少获得教师的关注，越不受到关注，学习成绩就越差。

在职场中，那些没有发展规划、发展目标，也缺乏积极心态的人很容易陷入负面循环中，越来越没有信心，工作越做越差；而心态积极，有发展规划、发展目标的人则发展得越来越好。

社会心理学家认为，马太效应既具有消极作用也具有积极作用。消极作用就是很容易让那些已经在某个领域占据优势的人骄傲自满，无法取得更大的进步和成功；也容易让那些还没有取得优势的人因为长时间看不到希望而灰心丧气，放弃努力，甚至还会让他们遭受非难和排挤。

积极作用就是可以有效地防止社会过早地去承认那些还不成熟的成果，或过早地接受那些貌似正确的结论，这样对后进者的心态也是一种积极的磨炼。此外，已经取得优势的人所获得的巨大荣誉和种种优势会极大地激励无名的后进者，促使他们更加努力地奋斗，激励他们创造出超越前人的成绩。

由此可见，如果我们想获得成功，就必须先努力在某个领域占据一定的优势。如果我们的目标领域已经有一个强大的对手，最好另外选一条路走，以减少前进道路上的困难。

手表定律——选择越多，越是混乱

【心理学词典】

手表定律是德国的一位心理学家提出的，他发现，如果一个人拥有一块手表，那么他一定会坚信这块手表上显示的时间是正确的。可是当他拥有两块手表，而手表上显示的时间又不相同时，那这个人就会无所适从，不知道该相信哪一块手表。

也就是说，当一个人拥有两块以上的手表时，不但没有办法让自己更准确地判断时间，而且会让自己陷入迷茫，从而失去对时间的判断，让很多事都没办法正常进行。这种矛盾的心理及其所带来的影响被称为“手表定律”，也叫作“矛盾选择定律”。

由此引申出来的另一层含义是，一个人不可以同时选择两种不同的价值观念或行为准则，否则他的行为就会陷入混乱。

【心理学故事】

森林里住着一群猴子，它们每天都在太阳升起时出去找东西吃，等到太阳落山时就会回来休息，生活得很幸福。

有一天，一位穿越森林的游客不小心把手表丢在了一棵大树下面，结果被一个叫悟空的猴子给捡到了。聪明的悟空很快就搞清楚了手表是怎么用的，别的猴子都非常佩服它，于是它成了猴群的明星，每只猴子都来向他询问确切的时间，大家的作息安排也都由它来负责规划。就这样，它的威望越来越高，后来还被推选为新的猴王。

当上猴王的悟空觉得是手表给它带来了好运，于是就继续积极地寻找手表，结果又有两块手表被它找到。

可是新得到的手表不但没有给它带来更好的运气，反而给他带来了大麻烦。原来它发现三块手表显示的时间各不相同，它根本就弄不清楚究竟哪个时间是正确的。于是当猴子来向它询问时间时，它就支支吾吾地不敢说，时间一长它的威望就下降了，而且整个猴群的作息时间也变得非常混乱。

【心理学与生活】

我们弄清楚手表定律的成立是有前提的：一是两块手表显示的时间必须是不同的，如果时间相同，那就不会存在分歧，我们也不会无法选择；二是两块手表必须在同一个时区，因为不同时区的时间是不一样的。只有在同一个时区，两块手表才有可比性。

了解了手表定律成立的前提条件后，我们再来看一下手表定律对我们的生活和工作有哪些启示。

一块手表对我们来说就是一个选择，当我们只有或只面临一个选择时，我们根本不会苦恼该怎么去做，因为没得选，所以也就不必费尽心思去想，我们所需要做的就是埋头努力。

但是，当我们面临两个选择或者两个以上选择时，很多人就会苦恼，无所适从，不知道该怎么选，不知道哪一个是最好的。

在现实生活中，我们经常会遇到选择困境，比如，高中毕业后要报考大学，结果有三所大学进入最终备选区。这三所大学各有各的好处，我们一所都不想放弃，费尽思量都不知道该选哪一所。

有两门选修课都是自己感兴趣的，可是这两门课都在周三的下午，自己又没有足够的精力同时学两门课，这时你会发现自己很难做出选择。

找工作时，有两家各方面条件差不多的用人单位同时向我们发出了入职邀请，这又让我们犯了难。

其实在面对让人苦恼的选择时，我们可以试试模糊心理。所谓的模糊心理，就是在很难做出选择的情况下，要以第一印象为主要判断依据，以便做出符合潜意识需求的最佳选择。

心理学研究表明，模糊心理是人类在成长过程中不断积累的一种心理沉淀。或许我们并没有办法找到明确的原因，但是根据第一印象，通常情况下我们都是可以做出最符合个体心理需求的决定的。

此外，手表定律还告诉我们，做任何事，一个人或组织都不能同时设立两个不同的目标，否则就会无所适从。因此，在一段时间内应该只制定一个目标，而且这个目标一定要明确，不可以随意变更。否则，就很容易让员工对组织的大方针产生怀疑，最终对企业失去信心。

管理者在管理员工时应该做到一视同仁，做到制度面前人人平等。如果对不同的人有不同的标准，执行多重标准，那只会让员工离心离德。

一个组织也不能出台两个互相矛盾的制度，除非它正处于创立之初，大量制定规章制度的时候。然而这样的情况并不会持续太长时间，否则员工就会不知所措。

组织还不能同时拥有两种以上的价值标准或企业文化，否则该企业将无法发展。在这方面的典型案例是时代华纳与美国在线的合并。

美国在线是一家很年轻的互联网企业，它的企业文化强调的是动作灵活，迅速决策，要求一切都要为快速抢占市场的总目标服务。

可是时代华纳在长时间的发展过程中却形成了强调诚信与创新精神的企业文化，两家企业合并之后，企业的高级管理者并没有很好地解决两种企业文化之间的冲突，结果导致员工完全弄不清楚企业日后的发展方向。最后，这两家公司的合并以失败告终。

另外，一个组织不能由两个以上的人同时指挥，因为这两个人指挥的方向可能并不一致，这样一来，员工根本就不知道该听谁的，必然会导致混乱。这样的企业可能是没办法正常运行下去的。

同样的道理，一个人也不能同时树立两种不同的价值观，否则，他的行为就会陷入混乱，甚至没办法正常生活。

异性效应——男女搭配，干活不累

【心理学词典】

在日常生活中，我们在异性面前会非常高兴地去做那些在同性面前不情愿做的事，有时还会表现得非常机智、勇敢，这样的现象被称为“异性效应”。之所以会出现这种情况，是因为异性接触会产生特殊的相互激发力和吸引力，并且接触的双方都能够从中体验到难以被解释的情绪，对学习、生活都会产生积极影响。

【心理学与生活】

异性效应在生活中普遍存在，它在青少年身上表现得尤为明显。其具体表现为，与只有同性参加的活动——比如，只有男人或只有女人参加——相比，参与者在男女共同参加的活动中会觉得更快乐，而且做起事来也更起劲、做得更好。

这主要是因为当有异性参加活动时，异性之间进行接近的心理需求就得到了满足，这样会让参与活动的人获得不同程度的愉悦感，并且还会激发出其内在的创造力和积极性。

异性效应还源于男人渴望被崇拜，女人渴望被赞美的虚荣心理。所以在生活中才会出现男人喜欢在女人面前逞英雄，女人喜欢打扮得漂漂亮亮的出现在男人面前的现象，他们这么做都是为了赢得异性的好感。

不过异性效应的发生也是有条件的，有观点认为，在一个集体中异性的数量，不管是哪一方，都不能少于总人数的20%。比如，一个集体中有10个人，那么男性或女性的数量最低不能少于2个。

此外，还有一种说法是，男女之间的日常接触是不会产生异性效应的，它产生于异性在学习、娱乐、工作中有了较多的交流和接触后，自愿为了愉悦感情、丰富生活、提高工作能力或工作效率而进行的有益活动中，这些活动同样也是多姿多彩的生活中必不可缺的部分。

异性效应在生活中的很多方面都有着广泛的体现。男营业员在接待女顾客时要明显比接待男顾客时热情很多；有的女同学在面对男同学时要明显比面对女同学时热情；很多企业招聘业务员时都倾向于招聘女性，因为女性员工与男性沟通时会比较顺利。

青少年逐渐成熟后，会特别注意异性对自己的看法或评价，会想办法、找机会在异性面前表现自己。此时的他们非常重视自己的装束和容貌，并且还有着较强的自尊心。

在一家只有男性或只有女性的公司，尽管条件非常优越，可是不管男女，都很容易觉得累，工作效率也不高。而在一家有男有女且男女比例协调的公司，尽管条件不是很优越，但不管是男员工还是女员工，大家都精力充沛，而且工作效率也很高，这也是异性效应在起作用。在学校举行的运动会上，来自异性的加油声总会给运动员带来更大的力量和鼓舞。

异性效应现象甚至还发生在人类探索世界、探索宇宙的过程中。

很多到南极考察的澳大利亚科研人员在考察过程中出现了晚上失眠多梦，白天昏昏欲睡的情况，他们尝试了很多种治疗方案都没有效果。

同样类似的情况还有不少，比如，美国的男性航天员在飞行的过程中有半数以上的人患有了一种“航天综合征”，具体表现为眩晕、头痛、失眠、烦躁等，而且不管吃什么药都不管用。

后来，经过调查研究后才发现原因，之所以出现这样的情况，可能是由于性别比例严重失调导致异性气味严重缺乏。

于是，医学博士哈里教授建议美国宇航局在每次的航天飞行中都要挑选一名女性参加，而一些国家也有意安排一两名女性参加南极考察队，结果航天员和考察员的怪病就都消失了。

在动物身上，异性效应表现得也很明显。比如，大公鸡喜欢在母鸡面前展现自己的格斗技巧、鸡冠及漂亮的羽毛。

有一位美国专家认为异性效应能够在智力、事业、情感等方面发挥互补作用。他认为男性与女性在智力上虽没有高低之分，不过却存在着智力类型的差别。女性比较讲究具体、实际的方面，而男性则倾向于抽象思维领域，所以异性能在智力上产生互补作用。异性朋友之间的友谊会因为事业的共同进步而加深，来自异性的鼓励可以极大地增强我们的自信心，从而对事业的发展产生促进作用。女性大多富有同情心，性情温和细腻，男性则通常具有坚强的意志且情感热烈，因此异性之间能在情感方面产生互补。

此外，异性效应还能够加强集体生活的凝聚力。研究发现，在一个由清一色的女性或男性组成的集体里，成员很容易因为一些小事产生摩擦，导致冲突。异性效应则可以缓和或避免这种情况，让集体成员之间互相关心，增进理解，从而建立起真正的友谊，增强集体凝聚力。

通过了解，我们会发现异性效应具有如此神奇的魔力，因此如果我们能在工作或学习生活中好好地利用异性效应，一定会受益良多。

下面我们就来简单了解一下青少年该如何利用异性效应提升自己。

1. 利用该效应使学习与活动效率得到提升

男生拥有较强的归纳能力，思维偏于抽象化；女生想象力丰富且能对事物有细致的观察，思维偏于形象化。所以他们在一起学习时思维会变得更加活跃，思路也会更加开阔，能互相启迪，这样就很容易摩擦出智慧的火花。

此外，如果能在集体活动中适当地对异性效应进行应用，就可以让他们在异性面前努力地表现自己，从而出色地完成任务。

2. 利用该效应对个性进行丰富和完善

人进入青春期后由于激素的分泌使得第二性征出现，这时其体内机能和外在都会出现较大的变化。这些变化在促使个体性别角色认知发展的同时，也会影响周围的人对他们的评价。所以个体心理方面的差异会越发明显地表现出来，男生通常会刚强、果断、开朗，不在乎细节；女生则文静、细腻、优雅。

男生与女生长时间在一起相互交往、吸引，很容易发现对方身上的优点及自己的不足，这不仅有利于彼此之间相互学习，还能取长补短，让自己的个性得到丰富和完善。

3. 利用该效应让男女同学间的凝聚力与友谊得到增强

在组织班级活动时要做好男女同学的搭配，还要想办法让他们互相帮助，加深他们之间的友谊，比如，女同学的行李重，可以让男同学帮忙拿；男同学生病了，可以安排女同学去探望、照顾。可以让班级成员之间产生一定程度的依恋，增强集体凝聚力，让班集体形成和睦愉快的氛围。这样可以让学生进入青春期后产生的烦恼及对异性的神秘感得到有效的消除，从而让男女同学之间的关系正常化，使纯洁的友谊在集体交往中形成。

4. 利用该效应激励自己努力向上

由于异性效应的存在，青年男女想要获得异性的关注，都希望自己的某些特长或优势能得到异性的青睐。而大量的事实证明，有些男生虽然对教师和家长都很抗拒，却能在女同学的帮助下慢慢地自觉学习，而且各方面都会因此有不小的进步：成绩变好了，说话做事也更有礼貌了，同时更注重外表了，胸怀也宽阔了很多。女生同样如此。也就是说，异性间的互相激励成了他们进步的动力。

5. 利用该效应提高个体进行自我评价的能力

青年男女个体意识的发展会让他们非常在意异性，尤其是自己喜欢的异性的一举一动。他们喜欢对异性做评价，同时也很重视异性对自己的评价。青年男女在对对方进行评价的同时，也会非常注意自己的言行，积极完善、规范自己，从而在对异性的评价中学会评价自己，提高自我认知。

需要说明的是，虽然异性效应能够起到积极的作用，也不可以滥用它，一定要把握好尺度。比如，男性对一位漂亮的女性热情一些完全可以理解，但是如果太过殷勤，让女性觉得其目的不纯，那就会产生相反的效果。

第四章

帮你获得幸福的心理学效应

酸葡萄效应与甜柠檬效应——想办法摆脱烦恼

【心理学词典】

酸葡萄效应也被称为“酸葡萄心理”，是指当一个人的真正需求无法得到满足而产生挫败感时，为了将心中的不安消除，就会编出一些理由进行自我安慰。通过这样的方法来减轻压力，消除紧张感，让自己从不满或不安等负面心理状态中解脱出来，免予受伤害。

甜柠檬效应是指当我们追求某个预期目标遭遇失败时，为了消除心中的不安，就会想办法提高我们已经实现的目标或已经拥有的事物的价值，从而获得心理平衡。

【心理学故事】

酸葡萄效应与甜柠檬效应都是心理学家从《伊索寓言》故事中概括出来的。

酸葡萄效应源自著名的“吃不到葡萄说葡萄酸”的故事。狐狸很想吃已经熟透的葡萄，可是不管它怎么跳都够不着葡萄，便想放弃。可是它费了那么大劲儿都没吃着，心里实在不爽，于是就安慰自己说：“反正那葡萄是酸的，不吃也罢。”说完就心安理得地离开，去找其他吃的了。

甜柠檬效应也是源自一个与狐狸有关的故事。有只狐狸想要找一点儿可口的食物，可是找了很久只找到一个酸柠檬。这和它的预期目标实在相差太远，所以它心中充满了挫败感。不过为了安慰自己，它便想："这柠檬是甜的，正是我想吃的。"

【心理学与生活】

通常来说，生活中每件事情或每一种现象的发生，都可以运用许多方法或理由去解释。酸葡萄效应与甜柠檬效应都是从个体的心理需求出发，从一系列理由中选择一些符合自己心理需求的理由，进行特别强调，其他理由则会被自动忽略，这在心理学上被称为"合理化"。

酸葡萄效应与甜柠檬效应一样，都是通过某种"合理化"的理由对无法实现所追求目标的情况进行解释，从而消除心中的不安，让内心获得安宁。

这两种效应有时确实能够变恶性刺激为良性刺激，起到缓和心理状态，安慰自己、接纳自己，并驱逐烦恼、获得快乐的作用。这要比遇到一点儿挫折就垂头丧气，埋怨别人，或与人激烈对抗，然后两败俱伤的情况好很多。

这两种效应在现实生活中的很多方面都有所体现，比如，一个学生没有考上理想的大学，为了安慰自己就想"我本来就不想上那所学校，而且听别人说那所学校其实不怎么好"。一个男生向一个女生表白，结果被拒绝了，男生就说自己其实根本不爱她，有的男生甚至会说那个女生有怎样的缺点。一个人找工作，没能被心仪的公司录用，他就会说不去正好，那家公司其实真的不怎么样，等等，这些都是酸葡萄效应的体现。

在现实生活中，也有很多事情体现了甜柠檬效应，比如，一个人没有考上大学而上了技校，他就说其实上技校更好，时间短学费又低，还能早参加工作早挣钱，而且很可能他找的工作要比那些上大学的人的工作更好。再比如，一个女人想要嫁给一个聪明、幽默的男人，结果却嫁给了一个不爱说话，甚至有些木讷的男人，这时她会告诉自己："这样的男人才最让人放心、最可靠。"

通过上面提到的这些事例可以看出，如果我们能正确运用酸葡萄效应和甜柠檬效应，确实能在一定程度上起到减轻压力，缓解消极情绪的作用。但是也要注意，这两个效应具有一些消极作用。

比如，它们会为我们所遭遇的失败找到很多借口，让我们没有办法正视自身的问题与缺点，这会导致无法真正解决问题，而且一旦形成习惯，我们就会变得只要遇到困难就退缩，并且还会为这种退缩和放弃找各种理由，让自己心安理得地退缩或放弃，从而丧失进取心，失去自信心。

所以，当我们利用这两种效应调整好心态，从挫折中走出来后，还是要积极进取，积极解决问题，朝着既定目标努力前进。

此外，这两种效应带给了我们一些积极的启示。不要总是羡慕别人，而忽视自己所拥有的，其实我们拥有的才是最好的。一个比较自卑的人应该经常暗示自己说"我是最棒的"，这样做可以帮助他从自卑走向自信，从自信走向成功。

当我们遭遇挫折，情绪低落时，我们要学会自我安慰，不要过度悲伤，那样会很容易走入死胡同。

如果明知道有些东西得不到，那就要学会放弃，与此同时还要通过自我安慰让内心恢复平静。不能因此丧失上进心，更不能在失败后只找借口，而忽略自己所犯的错误。

莫扎特效应——听音乐能让人高兴

【心理学词典】

莫扎特效应是指听音乐能够让我们变得愉快，而这种积极情绪又可以帮助人们提高认知加工水平。该概念是由法国医生托马斯提出的，源自哥伦比亚大学和加州大学的两位教授在 1993 年所做的实验。

【心理学实验】

心理学家罗斯彻和肖提出一个假设：空间推理能力与音乐之间是存在某种联系的。为此，他们进行了一项实验：

他们将 36 位非音乐专业的学生分成三组，让第一组学生听莫扎特的《D 大调双钢琴奏鸣曲》，让第二组学生听一些通俗音乐，第三组学生则没有听任何音乐。

10 分钟之后，他们采用“斯坦福—比纳智力量表”对这三组学生进行了测试。结果发现，听莫扎特音乐的学生的测试成绩要比其他两组学生高出 8% ～ 9%，不过这种效果在持续 10 ～ 15 分钟后就会消失。

此外，他们还认为，如果能经常给孩子听一些莫扎特的音乐或类似的音乐，可以提高其空间推理能力并对孩子的一生产生影响。

【心理学与生活】

两位心理学家所做的实验结果被发表后，得到了美国媒体的广泛宣传，并引起了人们非常大的兴趣，与莫扎特音乐有关的唱片很快就脱销了。此外，当时美国的很多家长、教育工作者和政府官员都对该实验很重视，有的州甚至要求所有的公立幼儿园在固定的时间播放古典音乐，于是听古典音乐很快就变成一种时尚。

该实验公开后，很多人都从不同的方面做过相关研究。芝加哥的一名医生发现莫扎特的某些音乐的确对减轻癫痫病患者的发病程度有帮助，并且可以降低其发病率。同样，神经科学专家约翰·休斯在给患者播放莫扎特的《D 大调双钢琴奏鸣曲》后，发现 36 个癫痫病患者中有 29 个人的症状得到了缓解。他还放过其他古典音乐，结果发现只有莫扎特的音乐对患者的病情具有明显的效果，且这种效果是可持续的。

因此，他认为其中的关键是莫扎特的音乐比较简单，其音乐中总是会有某一段旋律重复多次出现，而且是以人的大脑所喜欢的模式进行重复。

美国加州大学的一个研究人员指出，某些老年痴呆症患者听 10 分钟的莫扎特音乐后，会在智力测试中有更好的表现。

一位著名的临床神经科学专家在其著作中也提道，莫扎特的音乐对儿童多动症的治疗有积极作用，同时能让患病的儿童做事时更为专注，而且还能改善和提高其控制情绪及社交的能力。

我国的学者为了验证该效应还做过一项实验。尧德中教授及其团队成员将很多老鼠分成不同的组，让它们听莫扎特 K·448 号乐曲、反向莫扎特 K·448 号乐曲（通过将这首乐曲的音符进行相反顺序的排列得出的）、巴赫乐曲及反向巴赫乐曲。

这样一来，就保证了老鼠所听到的音乐物理元素都是相同的。研究人员对老鼠听完音乐后在不同时间点与学习记忆有关的神经因子的变化情况，以及音乐对其大脑新生神经元的影响情况进行了检测后发现，实验结果全都证明莫扎特效应是存在的。

在实验中，研究人员改变了某些莫扎特音乐中的音高或节奏，结果发现那些保留节奏成分的音乐会产生与莫扎特音乐类似的效果，而那些只对音高成分进行保留的音乐却没有明显的效果，这就表示莫扎特效应的关键很有可能是节奏。

研究人员还挑选了 60 名大学生，把他们分成三组。在相同的环境下让他们分别听莫扎特音乐、反向莫扎特音乐，还有一组学生则什么音乐都不听。在一周的时间里，前面这两组学生每天都要听上半个小时的相应乐曲。此外，这三组人还要接受一系列的包括用笔在纸上走迷宫、折纸、裁纸等测试。

结果发现，听莫扎特音乐的这组学生拥有最佳表现，而听反向莫扎特音乐的这组学生的成绩是最差的。同时，研究人员还发现，听莫扎特音乐可以为大脑增加新的神经元，而听反向莫扎特音乐对人和老鼠都会产生负面效应，其新生神经元的数量会减少，行为认知能力也会减退。

不过也有研究人员对莫扎特效应提出了质疑，他们并不觉得听一些莫扎特音乐就能提高人的空间推理能力。可是他们认为，莫扎特音乐有着非常流畅的旋律，能对人们的快乐情绪产生最大限度的激发作用。

认知决定着我们的情绪，情绪又反作用于认知，在一定程度上，这两者具有相同的生理基础，所以我们应该从认知与情绪两方面去解释该效应。

人们听音乐是为了获得某种情绪体验，而这种情绪体验又是由人们对音乐各个成分的认知来决定的，音高、旋律和节奏是决定音乐情绪的主要因素。所以，拥有平稳的节奏、规律变化的音高及和谐旋律的音乐可以激发积极情绪；相反则会激发消极情绪。

此外，从大脑生理结构来看，大脑中有的部位会参与对音乐认知的加工，却不会进行音乐情绪的加工。但是它可以通过与神经突触的连接将信息传送到边缘系统，这时情绪反应就会产生。

有的大脑部位在参与加工音乐认知的同时也会进行音乐情绪加工，前额叶皮层是加工整合音乐情绪信息和认知信息的一个重要区域，它拥有比较强的协调与控制复杂行为的能力。基底神经节不仅会参与积极情绪信息的加工，还具备信息的选择与决策等认知与记忆功能，能对音乐中的积极内容进行登记加工，并且有助于人们回忆与再现那些让自己觉得愉快的事情，最终产生情绪体验和行为。

莫扎特音乐通常明亮、纯净且拥有稳定的节奏，它还符合人类特有的生理规律。这样的特征可以激发一些积极情绪，如快乐，而这种积极情绪又能够促进大脑认知加工水平的提高。

安慰剂效应——希望可以治病

【心理学词典】

安慰剂效应又被称为“假药效应”“伪药效应”，由毕阙博士提出，是指患者虽然获得了无效的治疗，但是因为他相信治疗是有效的，从而让病情得到缓解的现象。

毕阙博士在“二战”时担任美军的战场麻醉师，在攻占意大利南部海滩的战斗中由于严重缺乏镇痛剂，迫于无奈，护士告诉正在被疼痛折磨得哀号的士兵，她们给他们注射的是强力镇痛剂，可实际上她们注射的却是普通的生理盐水。让他震惊的是，注射了生理盐水的伤兵居然不再喊疼了。

战争结束后他回到哈佛大学，开始了一系列新的测试药物疗效的实验，最终于1955年在《美国医学会杂志》上发表了一篇名为“强力安慰剂”的论文，从此安慰剂效应和安慰剂疗法才逐渐被人们了解。

【心理学实验】

2006年，哈佛医学院在著名的《新英格兰医学杂志》上发表了一篇文章，文章中记载了这样一项实验：

实验人员找到了270位患有慢性上臂痛的患者，把他们分成两组。一组让他们口服并没有任何药物成分的普通玉米粉，但是实验人员告诉他们这种药会有很好的疗效。另外一组则接受针灸治疗，实际上用的都是假针，不过实验人员也会告诉患者这样的针灸有很好的疗效。

结果，实验开始两周后，几乎所有的患者都说上臂痛的情况得到了不同程度的缓解。

【心理学与生活】

安慰剂效应中的“安慰剂”并不只包括药物，它还包括手术、治疗方案、让人产生希望的鼓励、权威的形象等，只要是能够让人产生希望、对病情有所缓解的事物都算是安慰剂。那么，安慰剂是如何对人的病情产生作用的呢？在这个问题上人们有多种不同的解释。

第一种解释是积极的信念影响了患者。这种观点认为，患者的病情之所以能够得到缓解，是因为他们相信其病情一定会得到缓解。根据知情同意原则，患者知道他们有可能会接受安慰剂治疗，可是很多接受安慰剂治疗的患者会认为自己正在接受真正的治疗（事实上并不是这样），所以他们相信病情会有所好转，结果病情就真的好转了。也就是说，积极的信念会产生积极的结果。

第二种解释是条件反射。很多人都知道巴甫洛夫做的那个经典的条件反射实验——让狗在吃东西时听到铃声，结果狗习惯后一听到铃声就会分泌唾液。安慰剂效应的原理和条件反射的原理是一样的。如果患者习惯从某人那里得到药片，并且吃了药片后病情会得到好转，那么就算他从那个人那里得到的并不是真正的药片，他吃了之后病情也会习惯性地好转。

第三种解释是某些患者的病情会好转，完全是其自身的原因，和安慰剂没什么关系。因为人体是具有自然康复能力的，所以就算患者被遗忘在一个无人问津的角落，他的病情也可能会好转，甚至会完全康复。

第四种解释是一部分患者其实私下里接受了其他治疗，是别的治疗方式让其病情得到了好转，和安慰剂并没有关系。

第五种解释是患者因为情感上的支持，病情才会好转。研究安慰剂效应的哈佛大学教授托德·凯普查克认为，受到信赖的权威机构的悉心照顾才是患者病情发生好转的根本原因，而受患者信赖的权威机构的照顾或情感上的支持也是一种安慰剂。患者首先是相信医院的，他们白天接受信赖的医生的治疗，同时又会受到护士的关注和支持，而护士一直以来都代表着健康和康复。所以，在这样的情况下，患者就很容易获得心理暗示，病情自然就会好转。关注、支持和倾听对患者来说是很好的安慰剂，可以使其病情得到缓解。

所以当我们面对患者时，一定要对其进行悉心的照顾，还要对其表示支持、鼓励和关心，要让他们觉得温暖，这样他们才更容易康复。

虽然现在科学家还没找到安慰剂效应发生作用的具体原因，但可以确定的是，心理的确会影响生理，比如，悲伤的时候会流泪，愤怒的时候血管的表层会扩张，等等。总之，心情如果不好，身体也会出现某种程度的不良反应。所以要想有一个好身体，一定要尽量保持好心情。就算生病了，也要积极面对，因为积极的心态可以让病情朝着积极的方向发展。

安慰剂效应并不总是有效的，尤其是面对器质性疾病，如骨折、胃穿孔等病症，就不会发生作用。而且对于那些能够起作用的疾病来说，具体的疗效也和患者的个体差异及医患之间的关系有关。

罗森塔尔效应——期望产生动力

【心理学词典】

罗森塔尔效应也被称为“期待效应”“皮格马利翁效应”，是指期望什么，就可能得到什么。只要充满自信地期待，事情就会顺利地进行。

该效应是由美国心理学家罗森塔尔和L. 雅各布森于1968年通过实验发现的，它之所以被称为“皮格马利翁效应”，是因为它与一个古希腊神话故事有关。

皮格马利翁是古塞浦路斯的国王，是一位性情孤僻的雕刻家。有一次他用象牙雕刻了一个完美的女人，他每天都看着这尊雕像，时间一长居然爱上了雕像，每天对它表示爱慕之情，希望它能变成人。于是他就向爱神请求，爱神被他的诚意感动，就赋予了那尊雕像生命，结果雕像真的活了，还和皮格马利翁结为夫妇。

【心理学实验】

1968年的一天，美国心理学家罗森塔尔和L. 雅各布森来到一所小学做了一项实验。他们从一到六年级各选了3个班，对这18个班的学生进行了“未来发展趋势测验”（实际上什么都没做）。他们随机挑选了一些学生，并列出一份“最有发展前途”的学生名单，然后以赞许的口吻对校长和教师说，这份名单上的学生是通过测试精心挑选出来的，是最有潜力的学生，以后都会有好的发展，还嘱咐校长和教师一定要保密，不要透露这件事，以免影响实验结果的准确性。

8个月之后，罗森塔尔和他的助手对那18个班的学生进行了测试，结果发现，凡是在那份“最有发展前途”名单上的学生，成绩都有了比较大的进步，而且其性格更加活泼，拥有较强的自信心及旺盛的求知欲，还更喜欢与人交流。

为什么会出现这样的情况呢？他们调查后发现，学校的教师在教学过程中不但对名单上的学生有着更高的期望，而且平时总是有意无意地通过态度、表情及给予辅导、赞许等方式，将这种隐含的期望传递给学生，于是学生就会给教师积极的反馈。这种反馈又会激发教师更大的热情，除了维持原有的期望，教师还会给学生更多的关照。就这样，这些学生的学习成绩、智力及行为都朝着教师所期望的方向发展了。

【心理学与生活】

罗森塔尔效应带给我们这样的启示：赞美、信任和期望可以改变一个人的行为。当我们向一个人表达赞美、信任和积极的期望时，他就会变得自信，会更加积极地朝着自己期望的方向努力，尽量满足这种期望和信任。相反，当我们向一个人传递消极的信息时，他可能就会自暴自弃，放弃努力。

该效应可以应用到生活中的很多方面，比如，家长在教育孩子时应该多鼓励，如果你认为孩子是聪明的、优秀的，那孩子就很可能会变成那样。因为在这个过程中，你会给孩子更多的赞扬和关心，而当孩子受到来自父母的赞扬和期待时，他就会更加积极努力，如此一来，也就更容易变得聪明、优秀。

戴尔·卡耐基很小的时候妈妈就去世了，9 岁时父亲给他找了一个继母。继母来到家里的第一天，父亲就指着卡耐基向她介绍说："以后你千万要提防他，他是镇上最坏的孩子，说不定哪天他就会做出令你头疼的事。"

这时继母微笑着来到卡耐基面前，先是摸摸他的头，然后责怪丈夫说："你怎么能这么说自己的孩子呢？他怎么会是最坏的孩子呢？我觉得他是全镇最聪明、最快乐的孩子。"

继母的话给年幼的卡耐基巨大的鼓励，因为在此之前从来没有人这样称赞过他，就连其亲生母亲都没说过这样的话。于是他和继母建立起了深厚的感情，他开始积极努力，后来他成了一位著名的励志大师和成功学家，帮助无数人走上了成功的道路。

同样地，教师应该对学生抱有期望，经常赞美学生，学生自然就会对这种赞美和期望做出积极的回应，从而变得越来越优秀。而那些不被教师关注、鼓励、期望的孩子则会以消极的态度对待教师、对待自己的学习，情况就会变得越来越坏。

在企业管理方面，一些优秀的管理者通过对罗森塔尔效应的积极运用来激发员工的斗志，从而创造了惊人的效益。

通用集团前 CEO 杰克·韦尔奇经常亲自手写一些便条对员工表示感谢和鼓励。松下幸之助则会经常给下属（包括新员工）打电话，其实他也没有做什么特别的事，只是问一下员工的近况，当员工回答还算顺利时，他就会说"很好，希望你好好加油"。这样简短的话就能让员工感受到来自总裁的信任和重视，于是员工就会更加勤奋地工作，而且还有很多人在这样的鼓励下成为独当一面的人才。

企业的管理者要对下属投入感情和希望，多鼓励他们，这样才能让他们变得更加积极主动，富有创造力。比如，在向某员工交代某项任务时，管理者应该说“我相信你一定能办好”“你肯定会有办法的”之类的话。这样他就会朝着你期望的方向发展，就算他本身能力并不强，但是经过激励后就会让自身的潜力得到最大限度的发挥。

每个人都需要被赞美，只要能给人积极的期望和肯定，就可能得到所期望的结果。所以请积极地赞美身边的人，帮助他们变得更加积极、自信，这会让他们变得更优秀。

贝勃定律——第一次的刺激很重要

【心理学词典】

贝勃定律是指当一个人经历过一次较为强烈的刺激后，随后再次对其施加的刺激所产生的影响就会变得很小。从个体的心理感受来说，第一次的大刺激能够掩盖第二次的小刺激。

【心理学实验】

有人做过这样一个砝码实验：

他用右手举着300克的砝码，这时在他的左手上放305克的砝码，此时他并不会觉得两边有多大的差异，直到左手上砝码的重量增加到306克时他才会觉得两边的重量有差异。

如果他的右手举着600克的砝码，这时左手上的重量要达到612克，他才会觉得两边的重量有差异。也就是说，原来的砝码越重，之后就必须增加更大的重量才能感觉到差异。

【心理学与生活】

贝勃定律在日常生活的很多方面都有所体现。首先是爱情、亲情、友情方面，先来看看下面这个实验。

在距离情人节还有两个月的时候，一位心理学家对两对成长背景、年龄、交往过程都大体相同的恋人做了一个送玫瑰花的实验。

心理学家让第一对恋人中的男士每个周末都送给女友一束玫瑰花，而让第二对恋人中的男士只是在情人节的那一天给女友送上一束玫瑰花。

结果，每个周末都能收到玫瑰花的姑娘并没有觉得欣喜和感动，而是非常平静，并且虽然她没有什么大的不满，但还是忍不住说了一句："别人送给女友的都是蓝色妖姬，比这普通的玫瑰花漂亮多了。"

而第二对恋人中的那个姑娘因为之前没有收到过玫瑰花，所以当情人节那天男友捧着玫瑰花出现在她面前时，她就觉得非常幸福，激动地与男友拥抱在一起。

为什么经常收到花的姑娘反而没有只收到一次花的姑娘高兴？很简单，经常收到花的姑娘对男友的殷勤、关爱已经习以为常了，而人会很自然地漠视已经习惯的东西。而那个只收到一次花的姑娘因为之前并没有收到过花，所以突然收到花就会完全超出她的心理预期，让她获得巨大的满足感。

同样地，在生活中我们会对亲人、朋友的关爱习以为常，而当陌生人对我们有一点儿帮助时，我们就会感激不已，这其实都是贝勃定律在发生作用。而且当我们觉得一直关爱我们的人对自己的关爱减少了一点点时，我们就会受不了，甚至会对他们有所埋怨。

比如，有的人新到一家公司后为了获得领导和同事的认可，就拼命地表现，一天都不敢松懈，可是当他慢慢从新人变成"老人"后就逐渐懈怠了，这让周围的人很不适应，觉得他之前都是装的，很多人都开始质疑他的人品。如果一个人到新公司后表现得并不好，而且工作能力也不强，领导和同事对他都不抱期望，结果等到他慢慢熟悉工作之后就具备了不错的能力，哪怕只是做到了一个员工该做的那些事情。但大家却都觉得他有上进心，表现越来越好。这两个人之所以会得到完全不同的评价，也是贝勃定律在起作用。所以，我们在工作中一定要注意贝勃定律的影响，要一点一点地积累进步，千万不能一开始用尽全力，而后就逐渐松懈。

在人事管理方面。假如一家公司的管理者想要辞退一些人，但是又怕在公司内部引起震动，影响公司的正常经营，这时该怎么办呢？正确的做法是，先对与这些人无关的部门进行大幅度的人事调动，慢慢地让其他员工习惯这种冲击，然后在之后的人事变动将矛头指向那些真正要被辞退的人。这时公司的员工对这些变动就不会有什么强烈反应了，因为他们大多已经习惯了。

很多商家经常会利用贝勃定律来做促销。最常见的做法是，在新品上市时给它们标上远远超过其本身价值的价格，就算没有多少人买，也会坚持卖上一段时间，然后就会进行降价销售，以此吸引消费者的注意力，而且折扣越低，就越能吸引消费者。比如，一件 2000 元的衣服现在只卖 200 元，甚至只卖 100 元，这时就会有很多消费者来买，因为消费者会觉得太便宜了，买到就是赚到。同一个折扣的商品，比如原价 100 元的商品和原价 1000 元的商品，都是打两折，消费者肯定会优先选择那件原价 1000 元的商品，因为它带给消费者的刺激更大，更让消费者觉得物超所值。

齐加尼克效应——压力会随着任务结束而消失

【心理学词典】

齐加尼克效应是法国心理学家齐加尼克提出的，具体是指工作压力会导致心理上处于紧张状态。当一项工作顺利被完成后，这种紧张状态就会被解除；如果没有完成，那这种紧张状态就会持续。

【心理学实验】

法国心理学家齐加尼克做过这样一个实验：

他将被试分为两组，让他们完成20项工作。在此期间，齐加尼克对其中一组被试进行了干预，让他们没有办法完成所有工作，而另一组没有受到干预的被试则顺利地完成了全部工作。

最终的实验结果显示，虽然所有被试在接受任务时都处在一种紧张状态中，但是顺利完成任务的人，其紧张状态会随之消失。而没能完成任务的人，其紧张状态会持续存在，而且他们的思绪总是被那些没有完成的工作困扰，心理上所承受的压力难以消失。

【心理学与生活】

现代社会工作节奏不断加快，人们要做的工作也越来越多，而且很多工作都是穿插进行，这样一来就导致很多工作没法儿被顺利完成。

而且这项工作还没做完，就得去做下一项工作，还有很多临时出现的事务。这样一来，我们心里会一直被那些没有完成的工作影响着，于是就会产生压力，长时间处于紧张状态。

我们很多人的工作需要进行大量的脑力劳动，而脑力劳动通常是不受时间和空间限制的，所以很多时候我们明明下班了，可脑子里还在思考工作上遇到的问题。这时大脑其实没有得到休息，那些没有完成的工作或没有解决的问题会像影子一样困扰着我们，从而加大我们的压力。

有人会认为有压力才会有动力，可是这里所说的压力是良性的压力。而平常我们在工作中所感受到的压力来自很多我们没有办法控制的事物。这往往会导致齐加尼克效应的发生，让我们变得更加疲劳。这种疲劳是因为长期用脑过度、压力过大产生的，所以它无法通过休息得到完全缓解，时间长了就会造成神经衰弱，具体表现为记忆力衰退、失眠、头痛、头昏、精神萎靡不振等。

此外，如果我们无法适应或正确处理快节奏的工作，那么就很容易感到焦虑，产生紧迫感，时间久了也会诱发心理疾病。所以，一定要积极进行自我调适，努力缓解紧张状态，具体方法如下。

1. 不要压抑自己，每天都要释放不良情绪

当有些压力超出我们的承受范围时，它就会变成恶性压力，而恶性压力又会产生很大的不良影响，所以千万不能压抑自己。如果感觉到自己有不良情绪，就一定要想办法释放出来，如果有不高兴的事，可以找身边的人聊天，还可以去看电影、跑步、唱歌，只要是能释放不良情绪的方式就可以。

2. 要学会自我放松

努力工作当然是应该的，但是也要注意身体和心理的承受能力，如果你清楚地感觉到自己已经很累了，那就暂时停下手头的工作去休

息，听听歌，看看感兴趣的段子，或是去外边散步，锻炼一下，还可以小睡一会儿，总之要让自己暂时忘了工作。

要对自己的生活、学习和工作进行科学的安排，制订工作计划和目标时不仅要实事求是，还要适当地留下一定的余地。此外，对待工作上的一些挫折也不要太过在意，继续努力就好。

3. 进行积极的自我暗示

通过积极乐观的认知、言语、思维对身心状态进行调节和改变，化被动为主动，也可以收到不错的效果。

4. 努力缩短工作周期

很多人之所以觉得压力大、紧张，是因为工作时间太长，工作总是做不完。其实很多时候是因为其工作效率太低，才会导致工作拖了很长时间都做不完，而且越拖就越紧张、焦虑。那些工作效率高的人通常在规定的时间内就可以把手头的工作做完，还有时间做点自己喜欢做的事，而且根本不需要加班，所以他们也不会紧张，不会觉得有压力。因此，我们应该努力提高工作效率，缩短完成一项工作的周期，这样就会有更多空闲时间可以利用。而且每完成一项工作后，就会有成就感，愉悦的心情也可以有效地缓解心理紧张，有益于身心健康。

5. 培养一种以上的业余爱好

业余爱好可以有效地对大脑的兴奋与抑制过程进行调节，进而改善情绪、消除疲劳，让自己从乏味、无聊的小圈子中走出来，进入一个充满生机的世界。你可以选择的兴趣爱好有很多，如写作、旅游、养鱼、养鸟等，你可以根据自己的兴趣选择，适当地进行投资，最好是能养成习惯。

霍桑效应——受到关注后行为会发生改变

【心理学词典】

霍桑效应又被称为“霍索恩效应”，是指当一个人意识到自己正在被关注时，就会刻意地改变行为或言语。该效应由以哈佛大学心理学家梅奥教授为首的研究小组提出，源于1924—1933年的一系列实验研究，霍桑是美国西部电气公司在芝加哥的一家工厂的名字。

【心理学实验】

霍桑工厂是一家制造电话交换机的工厂，拥有较为齐全的娱乐设施、医疗制度和保障制度，可工人们还是很不满，生产效率非常低。为了找出其中的原因，美国国家科学委员会组织了一个研究小组，对这个问题展开了实验研究，整个实验前后经历了四个阶段。

第一阶段：车间照明实验

照明实验的目的是弄清楚照明的强度对工人的生产效率产生的影响，这项实验进行了两年多，他们最终发现照明度的改变对生产效率并没有影响。

第二阶段：福利实验

这次实验的主要内容是继电器装配，实验的主要目的是找到能更有效地影响工人积极性的因素。经过两年多的实验，梅奥对实验结果进行了归纳，然后排除了以下四种假设。

1. 在实验过程中改进工作方法与物质条件，可以让产量增加。

2. 在工作间隙安排休息时间及缩短工作时间，可以有效地解除或减轻疲劳。

3. 工作间隙安排休息可以让工作变得不那么单调、无聊。

4. 个人计件工资可以促进产量的增加。

后来，通过进一步的研究后梅奥发现了促进生产效率上升的两个原因。

1. 自豪感。实验刚开始时，6 个参加实验的女工人曾被叫到部长办公室谈话，她们认为这是很大的荣誉。这说明被重视的自豪感对工人的积极性有明显的促进作用。

2. 成员之间的良好关系。实验发现，改变对工人的监督与控制的方法就可以改善工人之间的关系，良好的人际关系能够改进工人的工作态度，促进生产效率的提高。

第三阶段：访谈实验

研究人员觉得此前的实验已经证明组织的管理方式与员工的积极性和生产效率有密切关系，所以应该了解一下员工对管理方式有什么具体意见，这也可以为管理方式的改进提供依据。于是他们制订了一个征询员工意见的访谈计划，在不到两年的时间里，他们与工厂里两万名左右的员工进行了谈话。

第四阶段：群体实验

这是一个关于工人群体的实验，目的是要证实工人之中存在的非正式组织对工人的工作态度会产生什么影响。

研究人员为了能系统地观察实验群体中工人之间的相互影响，挑了 14 个男工人，其中有 9 名绕线工，3 名焊接工，2 名检验工，把他们安排在一个单独的房间里工作。

实验刚开始时，研究人员告诉这些工人，他们可以尽力工作，因为他们拿的是计件工资。研究人员原以为这样的工资制度会让这些工人更加努力地工作，可实际上他们完成的产量只停留在中等水平上，而且每个工人的日产量都差不多。根据动作与时间分析，每一个工人每天应该完成的标准定额是 7312 个焊接点，可实际上他们每天在完成 6000 ～ 6600 个焊接点之后就不再工作了，即使他们完成这些工作时距离下班还有比较充裕的时间。

研究人员通过观察，找到了工人自动限制产量的原因。如果他们太努力工作，就很有可能会让其他同伴失业，或使得工厂制定出更高的生产定额。

研究人员为了弄清楚这些工人能力上的差别，就对他们中的每一个人进行了智力和灵敏度测验。结果发现，3 名生产速度最慢的绕线工在灵敏度测验中的得分是最高的，其中 1 名最慢的工人在智力测验中得了第一名，在灵敏度测验中得了第三名。

测验的结果与实际产量之间的这种关系，让研究人员联想到了群体对这些工人的影响，一个工人可以因提高工作效率而得到较多的工资，且减少失业的可能。可是他很有可能因此受到群体的惩罚，而这种惩罚可能是他无法承受的，所以他们才会选择每天只完成群体认可的工作量。

霍桑实验最终的结果由梅奥教授于 1933 年发表在《工业文明中人的问题》一书中，在该书中他提出了以下见解。

在社会上生活的人都是“社会人”，“社会人”生活在复杂的社会关系中，所以要想调动工人的生产积极性，就必须从社会、心理方面进行努力。比如，员工需要感情上的慰藉、安全感、归属感等。所以管理者就应时刻关注员工的想法，重视与员工的关系，积极与他们进行交流，想办法满足他们的种种需求，尤其是心理方面的需求。

此外，工人的积极性决定了工作效率，而工人的积极性又受到家庭、社会生活及组织中人与人关系的影响。工人之中存在着的非正式团体有着其特殊的倾向与情感，左右着成员的行为，而且对生产效率的提高也起着非常重要的作用。

【心理学与生活】

霍桑效应带给我们很多有益的启示。在日常生活中，我们应该多给予身边的人一些积极的关注，或向他们表达你对他们的期待，并且要让他们意识到你在关注他们，这样一来他们的行为就会朝着积极的方向转变。如果你想要男友变得更优秀，就要多称赞他，当然这种称赞应该符合事实，而且你应该让他和你的朋友多接触，并且让朋友从男友身上找出他的一些优点进行称赞。要让他多和家人接触，并且要让家人称赞他做得好的地方，对他进行鼓励，这样他就会朝着好的方向发展。

张宁前段时间交了个男友，是个文艺青年，多才多艺，但就是有些不修边幅，而且还爱抽烟。可张宁又是最不喜欢别人抽烟和邋遢的。她很有信心能让男友把这两个缺点改掉，可事实证明她太高估自己了，她说了男友好几次男友都没太在意。

她见“正面进攻”不起作用，就改为迂回进攻。她把男友介绍给自己的朋友认识，而这些朋友有一个共同的特点，那就是不抽烟。在介绍他们认识之前，张宁告诉朋友们要多夸夸男友，于是每当她男友有什么好的表现时，她的朋友都会夸上几句。比如，一起出去玩时，男友给老人、小孩让座了，他们就会说他有爱心；会弹吉他，又会唱歌，就赞他多才多艺；诗写得好，就说他文采好，以后一定能做个大诗人。

就这样，男友开始越发注意自己的表现，当他看到女友的这些朋友都不抽烟时，他也忍着不抽，直到把烟戒掉。又因为这些朋友每次出去玩时都收拾得干干净净的，时间一长他也不好意思邋遢了，张宁通过朋友对男友的关注和影响成功改变了男友。

除了要关注身边的人，我们还应该多关注自己，这样我们的行为也会发生积极的改变。就像人们常说的那样——你认为自己是什么样的人，你就能成为什么样的人。所以，在日常生活与工作中我们应该多给自己一些鼓励，一些期待，遇到问题时要告诉自己“我能行，我一定能解决”。

霍桑效应带给我们的启示更多地体现在企业管理上。企业要想不断向前发展，就必须做到让员工满意。具体来说，就是管理者要认真了解分析员工的所思所想，掌握员工真正的需求。不仅要满足他们的物质需求，还要想办法满足其更深层次的社会需求、心理需求，比如，受到尊重和重视，能够体现自我价值。只有这样才能激发出员工更大的工作热情，使其积极发挥主观能动性和创造性。

此外，管理者在与员工沟通时要善于倾听，要善于帮助和启发员工表达自己的思想与感情，还要在公开场合对做出成绩的员工进行恰当的表扬。这样做不仅可以增强员工对管理者的信任感，还能增强其自信心和使命感，从而创造出更好的业绩。

黑暗效应——黑暗能给人带来安全感

【心理学词典】

黑暗效应是指在一个光线比较昏暗的地方，约会中的双方都没办法看清对方脸上的表情，这样一来就会减少戒备心理而生出一种安全感。在这样的情况下，彼此建立亲密关系的可能性就会远远超出那些光线比较亮的地方。

【心理学实验】

加拿大多伦多大学与美国西北大学的科学家做过这样一个实验：

他们将参加实验的人随机分成了两组，甲组人待在一个灯光比较亮的房间里，乙组人则待在一个灯光比较暗的房间里。

第一项实验中，研究人员让两组人一起看了一个假想广告片，广告片中的人上班迟到了，科学家让两组人判断一下主人公是否具有攻击性，结果认为主人公具有攻击性的人大多来自甲组。

第二项实验中，研究人员让两组人对一组词语所表达的情绪进行分类，比如，中立词、消极词、积极词等。结果发现，甲组人认为“微笑”“鲜花”等词语要更积极，而“医学”“牙医”等词语则更消极，两组人对中立词的评价则没有差异。

研究人员认为，两组人在情感表达上的差异，与灯光下人们对热量的感知得到增强有关。心理学家认为灯光太亮，会很容易让对方察觉并且放大对方所具有的攻击性，与此同时，人们对情绪化词语的敏感性也会得到增强。

【心理学与生活】

王东在一次读书会上认识了一个叫墨白的女生，对方是一位小学教师。他和墨白因为观点相近，所以就交流了很多。进行初次接触后，王东对墨白产生了好感，就拐弯抹角地打听墨白的感情状况，当他得知对方未婚单身时非常高兴，便主动约她吃饭、一起出去玩儿。可是他们每次约会，他都感觉到墨白好像对自己有一点儿戒心，接触一段时间后他发现两个人也没有什么深入的了解，两个人中间好像隔了点儿什么似的，这让王东很灰心。

有一次，他看到一则自己喜欢的民谣乐队在一家酒吧里演出的消息，就问墨白想不想去。其实他只是抱着试试看的想法邀请她，因为在这之前墨白从没说过自己喜欢酒吧、喜欢民谣。可没想到这次她很高兴地同意了。

那天他们在酒吧一边看演出一边聊天，聊了很多彼此的情况、家庭的情况及兴趣爱好什么的，聊得很投机，而且王东感觉这次墨白明显要比之前放得开了，没那么拘谨了，对自己也更热情了。这次约会后，他感觉两个人的关系比之前更亲密了一些。

于是，以后每次约会他都会把地点选在一些光线比较暗的场所，比如，电影院、酒吧、KTV 等。一年后他们结婚了。

王东能成功抱得美人归，可能要归功于黑暗效应，为什么这么说呢？心理学家认为，在正常情况下，我们在与人进行交流时都会根据对方和外界的条件决定自己该与对方聊些什么内容，该说多少心里话。当我们对对方不是很了解时，不会什么话都说，并生出一种戒备感。但我们又想和对方继续接触，此时就会尽量将自己好的一面展示出来，而不愿意暴露自己的弱点和缺点，这就会让双方之间产生隔阂，使双方在沟通时存在障碍。

这种戒备感在白天时达到最强，因为白天光线比较强，而光线又会对人的情绪和行为造成影响，我们的情感反应在比较强的光线下会更强烈一些，而当我们在光线比较暗的环境中则会温和很多。所以白天的时候，我们为了保护自己会将自己伪装起来，而且对来自外界的刺激也会更敏感，这时我们与人亲近的可能性就会比较低。

而在黑暗的环境中，我们就会不那么戒备，会觉得自己要更安全一些，就会卸下“面具”，展示出更真实的一面。与此同时，我们会觉得对方的攻击性也降低了，会更愿意与对方接近，这样一来两个人亲近的可能性就会增加很多。

此外，双方在黑暗中交谈时，因地位、身份的差距所产生的压迫感也会降到最低，有利于双方更加轻松愉快地进行交流。

史华兹论断——幸福是自己定义的

【心理学词典】

史华兹论断是美国管理心理学家D. 史华兹提出的，其内容是我们遇到的所有的坏事情，只有在我们认为它不好的情况下，才会真正成为不幸的事情。

【心理学与生活】

华罗庚中学毕业后因为家里困难、交不起学费而从上海中华职业学校退学，可是他并没有放弃学习。回到老家后，他一边帮父亲干活，一边继续刻苦自学。可是没过多久他又得了伤寒，差一点儿就失去了生命。那段时间他在床上整整躺了半年，后来虽然病好了，却落下了终身残疾——左腿关节变形，走路一瘸一拐。

那时他才19岁，面对这样的打击，他迷茫、困惑，近乎绝望，可是他并没有放弃自己。在那段痛苦的日子里，他想起了失去双腿但仍然创出一番功业的孙膑，心想："他腿都没了尚且能勇敢面对，我只是腿瘸了，有什么理由不努力呢？"于是他决心用健全的大脑去代替不健全的双腿。

19岁的他变得更加顽强了，白天时他拖着病腿，强忍着疼痛去帮父亲干活，晚上时他就在煤油灯下自学到深夜。1930年，他在《科学》杂志上发表了一篇关于数学的论文，引起了清华大学数学系主任熊庆来的注意，后来清华大学聘请他做图书馆馆员。此后，他一边在图书馆工作，一边在数学系旁听，还用4年的时间自学了英语、德语、法语，并发表了10篇专业论文，25岁时就已经成了国际有名的青年学者了。

我们在日常生活中总是会遇到这样或那样不好的事情，会遭遇各种挫折。遇到挫折并不可怕，关键是以怎样的态度去面对挫折？是自暴自弃，还是奋起改变？不同的态度会产生不同的结果，决定权其实一直掌握在我们自己手里。按史华兹的说法，如果自暴自弃，面对挫折不做任何努力，挫折对我们来说就是一件坏事；但是如果积极面对，像华罗庚那样采取有效的措施去改变现在的处境，那挫折就不是一件坏事，因为通过努力，我们能得到更多。

下面，我们就来具体了解一下该如何正确地对待挫折。

1. 正确认识挫折

在我们成长的过程中，挫折是不可避免和逃避的，同时也是不可或缺的。

遭遇挫折会让我们失望、痛苦、不安，但同时还会使我们得到磨炼，让我们变得更加坚强和成熟，下次再遇到问题时我们就能更加灵活地应对。

2. 适当地宣泄不良情绪

人在遭遇挫折时会产生一些不良情绪，而这些不良情绪又会对人体造成伤害，令我们身心俱疲，非常不利于问题的解决。所以，这时我们就非常有必要对不良情绪进行适当的宣泄，这样才能在健康的状态下积极地应对问题、解决问题。

3. 学会向朋友求助

当我们发现面对的一些困难或问题已经超出自身能力范围时，要学会向朋友寻求帮助。这样不仅能使我们更容易战胜挫折，同时也能接近我们与朋友之间的关系，千万不要因为担心被拒绝而放弃求助。

4. 认真分析遭遇挫折的原因，并积极应对

遭遇挫折后，要认真想想自己究竟哪里做错了，是什么原因导致了失败。只有找到失败的原因，才能更好地战胜它。找到原因后还要积极寻找解决方法，不能逃避，因为逃避不仅解决不了问题，还有可能让问题变得更严重。

5. 树立强大的自信，并且要积极调整目标

我们只有充满自信，才不会因为一时的挫折而惊慌失措，更不会一蹶不振，才会相信自己，从而做出正确的选择。此外，我们还要及时对目标进行调整，让它与实际情况相符，那些不切实际的目标不仅不会实现，还会让我们饱受挫折。所以，我们既要保持自信，又不能盲目地自信。

6. 给伤痛加上一个期限

我们在面对任何挫折时，都要给伤痛加上一个期限，告诉自己在这个期限内可以允许自己低落、消沉，一旦超过这个期限就一定要振作起来，就算伤口还在，它也不能妨碍我们前行。我们也不必担心有伤口，因为时间会在不知不觉中将其治愈。而且这种治愈并不是简单地忘记，而是在不断积累生活阅历的过程中让我们变得更加豁达。

7. 学会自我接纳

要学会对自己进行比较全面、客观的认知，摆正自己的位置，正视自己的优点和缺点，接受自我，欣赏自我，并且还要在此基础上发展自我，不断地对自我进行完善。

野马结局——不要因一点儿小事生气

【心理学词典】

野马结局是心理学上的一条著名的法则，具体是指因为一点儿小事而大动肝火，以至于因为别人的过失而伤害自己。

非洲草原上有一种体积很小的吸血蝙蝠，靠吸其他动物的血生存，总是喜欢叮在野马身上吸血。每当这时，野马就会非常生气，于是它奔跑、跳动，能做的都做了，可就是拿小蝙蝠没办法，蝙蝠总是能很从容地喝饱血了之后再离开。结果不少野马因此被折磨死了。

后来动物学家研究发现，其实吸血蝙蝠从野马身上吸的血很少，根本不会导致野马死亡，而那些野马之所以会死，完全是因为愤怒，也就是说，它们是被活活气死的。这就是野马结局的由来。

【心理学实验】

医学心理学家对狗做过一个嫉妒情绪实验：

他们将一只饿了好几顿的狗关在一个铁笼里，然后让笼子外面的另一只狗当着它的面吃着肉骨头，结果笼子里的狗开始狂躁不安。后来事实证明，它在嫉妒、急躁和愤怒的负面情绪影响下，产生了神经症性的病态反应。

【心理学与生活】

野马结局不只存在动物身上，人类社会也经常发生这样的情况。在日常生活中，经常会有人一言不合就大发脾气，甚至大动干戈，遇到一点点小事就非常激动，暴跳如雷。我们经常会被小事影响。心理学家研究表明，人一生中有 1/3 的时间都处在情绪不佳的状态中。负面情绪会对我们的身心健康造成严重的伤害，比如，一个人在生气时心跳会加快，还会心律失常，从而诱发心慌、心痛。此外，生气还会让人的心理失常，情绪高度紧张，甚至导致心脏停止跳动。

如果我们经常因为一点儿小事生气，会严重影响人际关系，愤怒不仅会伤害我们，还会孤立我们。

所以，自古以来许多有识之士都在想办法控制愤怒，下面我们来看看林肯总统是如何做的。

葛底斯堡战役结束后，战败的南方军队在李将军的带领下退到了波多马克河边，谁知道这时河水猛涨，他们无法过河。听到消息的林肯总统很高兴，觉得这一次只要负责追击的米德将军抓住机会发动攻击，就一定能抓住李将军，这样内战也就结束了。于是他马上给米德将军发了封电报，让他不必召开军事会议，马上带兵出击。

结果米德将军还是召开了军事会议，也因此耽误了战机，而且他调兵遣将时拖泥带水，结果河水退了，李将军和他率领的南方军队顺利渡河逃走。听到这个消息后，林肯总统非常生气地说："只要伸出手他们就跑不掉，我的命令居然不能让军队移动半步。"于是他马上给米德将军写了一封很不客气的信："我不相信你不知道李将军逃走的严重后果。我无法期望你改变形势，也不期盼你以后做得更好！"

但是没过多久他就冷静了下来，他发现自己对米德将军的批评不够妥当，因为他意识到自己在距离战场很远的白宫发布命令自然是比较容易的，而米德将军在战场上执行命令却要困难得多，几万人的部队需要统一的指挥，而且士兵和马匹也都很累。

此外，他还考虑到这样批评米德将军，万一自尊心很强的米德将军看到信之后选择辞职，那不仅会让他们之间产生不愉快，对战争的胜利也没有好处。所以他决定让这封信永远留在抽屉里，同时他也告诫自己，遇到不愉快的事情时一定要保持冷静，尤其是在认为道理在自己这一边，打算批评别人的时候。

后来，林肯总统的儿子在父亲的抽屉里发现了很多批评别人的信，原来林肯只是将写批评信作为让自己冷静下来的一种方法。

下面，我们再来了解一些控制消极情绪的方法。

1. 寻找原因

当我们发现自己闷闷不乐或满腹忧虑时，我们应该马上寻找原因，看看究竟是因为什么不高兴。一旦找到原因就会轻松很多，再用明确的语言把原因表达出来，然后集中精力对付它。

2. 尽量多亲近大自然

许多专家都认为，亲近大自然会让人心情变得愉悦，如果所处的环境不允许我们经常去户外活动，那么就算在窗前看看远方的花草树木，也能让心情好一点。

美国密歇根大学的心理学家做过这样一个有趣的实验：分别让两组人员在不同的环境里工作，甲组办公室的窗户靠近许多植物，乙组办公室则位于一个喧闹的停车场，结果发现甲组的工作热情要比乙组高很多，同时工作效率也高出很多。

3. 保持充足的睡眠

美国匹兹堡大学的罗拉德·达尔教授的一项研究发现，睡眠不足会对我们的情绪产生非常大的影响。他指出，对睡眠不足的人来说，那些让人烦心的事更能左右他们的情绪。

那么，成年人一天究竟要睡多久才够呢？罗拉德·达尔教授针对这个问题做过一个实验：在一个月的时间里，让每个参加实验的人每晚都在黑暗中待上14个小时，第一晚几乎每个人都睡了11个小时，此后他们每一晚的睡眠时间都稳定在8个小时左右。

他还让参加实验的人每一天分两次记录自己的心情状态，结果所有的人都说在睡足了之后心情更为舒畅，看待事物也会变得更为乐观。

4. 尊重客观规律

美国加州大学的心理学教授塞伊指出，个人的情绪变化与身体内在的“生物节奏”有密切的关系，我们一天中所吃的食物、精力状况及健康水平，甚至是一天之内的不同时段，都能对我们的情绪产生不同的影响。

塞伊教授的一项研究发现，睡得很晚的人情绪不佳的概率会更高一些，而且我们的精力通常是在午后的时候最差，此时一件不好的事情就会对我们的情绪产生巨大的影响。

塞伊教授进行的另一项研究还发现，当一个人的体温在正常范围内处于上升期时，其心情就会更愉快一些，他此时精力也最充沛。

5. 保持合理的饮食

大脑活动需要的所有能量都来自我们所吃的食物，所以情绪波动也和我们吃的食物有关系。

要想有个好心情，就应该养成健康的饮食习惯，要按时吃饭，严格限制咖啡和糖的摄入，因为它们可能会让我们更容易激动，每天至少还要喝6～8杯水。

此外，要多吃一些碳水化合物，它能让人心境平和，感觉舒畅，还可以增加大脑血液中复合胺的含量，这种物质又被认为是人体自然产生的镇静剂。稻米、水果、杂粮都是富含碳水化合物的食物。

6. 多运动

即使我们只是走了十分钟的路，也能让心情变好。研究人员发现，运动可以让人的身体发生一系列的生理变化，它的功效和那些提神醒脑的药物差不多，但是与药物相比它对人体几乎没有任何伤害。不过，要想有明显的效果，最好是做有氧运动，如游泳、骑车、跑步等。